KB254179

의미수학

의미수학

초판 1쇄 발행일 _ 2007년 8월 30일
초판 2쇄 발행일 _ 2010년 3월 3일

지은이 _ 장은성
펴낸이 _ 최길주

펴낸곳 _ 도서출판 BG북갤러리
등록일자 _ 2003년 11월 5일(제318-2003-00130호)
주소 _ 서울시 영등포구 여의도동 14-5 아크로폴리스 406호
전화 _ 02)761-7005(代) ㅣ 팩스 _ 02)761-7995
홈페이지 _ http://www.bookgallery.co.kr
E-mail _ cgjpower@yahoo.co.kr

값 10,000원

* 저자와 협의에 의해 인지는 생략합니다.
* 잘못된 책은 바꾸어 드립니다.

ISBN 978-89-91177-46-8 03410

意味 中心 數學

의미수학

장은성 지음

BIG 북갤러리

수학교육을 개혁하자

왜곡되고 과잉적인 수학교육

우리 수학교육은 크게 왜곡되어 있다. 원래 수학은 인문학적인 성격을 가지고 있다. 하지만 한국에서 수학하면 대부분 이공계를 위한 기초학문 정도로 알고 있다.

그래서 우리 수학교육은 이공계만을 위한 수학교육으로 크게 왜곡되어 있다. 이는 조선시대부터 이어온 한국의 전통적인 수학관(계산술로서 수학)의 영향을 아직도 받고 있기 때문이기도 하다.

한국은 1895년 신식제도를 도입하여 근대화되면서 조선의 전통수학을 하루아침에 모두 버리고 서양수학을 교육하기 시작했다. 그런데 내용은 모두 서양수학 내용으로 바뀌었지만, 그 목적과 방법에 있어서는 여전히 조선시대의 산학과 다를 바가 없었다.

서양수학을 가르치고 배우면서 정작 알아야 할 서양수학의 정신과 목적은 모른 채, 그 내용만을 동양적인 방법 조선시대의 입장 그대로 서양수학을 가르치고 배우고 있는 것이다.

이 때문에 한국에서의 수학교육은 이상한 방향으로 왜곡된 것이다. 이러한 왜곡이 수학을 불필요하게 너무 다양하고 많은 내용을 과잉교육하며 학생들을 괴롭히고 있는 것이다.

이것이 우리 공교육의 붕괴를 가져오며, 수학교육의 실패를 초래한 근본적인 배경인 것이다. 다음은 2007학년도 대입 수능 1번 문제이다.

1. $(\log 27) \times 8^{\frac{1}{3}}$의 값은?

지수와 로그의 개념을 묻는 아주 쉬운 문제라 할 수 있다. 하지만 대학에 들어가고 1개월도 되지 않아 이런 것은 새까맣게 모두 잊어버린다.

분명히 당시에는 풀 수 있었지만 지금은 모두 잊어버리고 풀 수 없게 된다. 그것은 우리가 지수나 로그를 일상생활에서 사용하는 일이 없기 때문이다.

하물며 지수나 로그보다 더 복잡한 내용들은 어떻겠는가? 한마디로 우리가 그렇게 고생하며 공부했던 수학은 아무런 쓸모도 없는 지식이라는 이야기이다.

왜 지수나 로그를 배우는지 이유도 모르면서 무조건 그 계산방법을 암기하고 열심히 문제를 풀지만 시험만 끝나면 모두 잊어버린다. 수학책도 헌책방이나 고물상에 내다버린다.

그렇게 쉽게 잊어버리고 사용하지도 않을 수학지식을 익히기 위해 중고교 6년간을 고생해야 한다니 말이다. 이는 개인적으로 국가적으로도 엄청난 낭비이다.

서울대 신입생의 수학실력이 형편없다는 언론의 보도는 우리에게 충격적이지만, 그에 대한 어떤 대책도 제시되지 않고 있다. 교육당국이 문제의 본질을 분석하지 못한 까닭이다.

21세기 첨단과학의 시대, 수학적 지식은 더욱 절실하게, 다양하게 요구받고 있다. 그럼에도 우리는 그런 요구에 적절하게 대응하지 못하고 있다.

도대체 어떻게 갈피를 잡아야만 할 것인가? 우리에게 닥친 커다란 위기인데도 아무런 위기감마저도 없다는 것이 답답할 지경이다.

우리는 서둘러 수학교육에 대한 대대적인 개혁을 이루어야 한다. 그럼 어떻게 수학교육을 개혁할 것인가? 그 해답으로서 나는 의미수학을 제안한다. 의미수학은 인문학을 위한 수학이기도 하다.

올바른 수학교육의 목표는 수학 용어나 기호들을 많이 알고 계산을 잘하는 수학기능인을 양성하는 것보다는 합리적 판단력을 갖춘 건전한 상식인을 양성하는데 있다. 의미수학이 지향하는 목표이다.

유명인의 자살을 초래한 인터넷에 욕설이나 초등학생스런 악성 댓글이 난무하는 이유가 무엇이겠는가? 그것은 합리적 비판력을 갖춘 건전한 민주시민을 우리가 양성하지 못한 때문이다.

지금 수학교육을 개혁하지 않으면 우리는 선진국으로 나아가지 못할지도 모른다. 올바른 수학교육은 이런 점에서 무척 중요한 것이다.

인문학을 위한 수학

수학은 이공계 학생들만을 위해 존재하는 것이 아니다. 수학은 원래 인문학을 위해 존재했으며, 인문학에도 없어서는 안될 중요한 학문이다.

우리가 인문학을 제대로 하려면 수학이 반드시 필요하다. 인문학을 위한 수학이란 어떤 수학일까? 인문학도들에게 이공계생들이 배우는 복잡 난해한 수학적인 내용들은 거의 필요가 없다.

대신에 인문학에는 수학의 기본철학을 배우는 것이 적합하다. 물론 이공계도 이것은 반드시 필요하다. 그렇다면 수학의 기본철학은 무엇인가?

필자에게는 4만 단어가 수록된 작은 국어사전이 있다. 이 사전에는 각각의 단어들에 대해 그 뜻을 설명하고 있다. 물론 그 사전에 나온 단어들을 사용해서 말이다.

말하자면 한 단어의 의미를 설명하기 위해서는 다른 단어들이 필요하다. 이렇게 단어를 설명하는데는 다른 단어들이 필요하다. 단어로서 단어를 설명하고 있는 것이다.

하지만 그렇게 단어로서 다른 단어들을 설명하다보면 더 이상 단어들을 가지고 단어를 설명할 수 없는 단어가 나타난다. 말로서 설명할 수 없는 말이 반드시 등장한다.

이 말이 바로 원초적인 말이다. 원초적인 단어이다. 인간이 처음 말을 하게 되었을 때 시작된 말이다. 이런 말은 의미가 없다. 뜻이 없다. 그래서 그 말을 설명할 수가 없다.

수학은 인간이 어떤 것을 설명하고자 할 때 그 기본적인 원리를 탐구한다. 수학이론은 그 핵심을 분명하게 보여준다. 그리고 그러한 설명원리의 한계도 밝혀준다. 그것은 수학이 형식체계를 연구하기 때문이다. 형식체계에 대해서는 뒤에서 자세히 설명한다.

수학은 이렇게 인간이 사용하는 언어의 기본적인 맹점에 대해서도 분석해 주는 역할을 하고 있다. 언어를 연구하는 그 어떤 인문학자도 생각하지 않았던 문제이다.

인문학자가 인문학을 제대로 이해하기 위해서는 수학적인 분석력이나 체계화가 반드시 요구된다. 우리 교육이 아무런 의식도 없이 그저 주어진 일만 하는 기술자 양성에만 있는 것이 아니다.

교육은 진정한 인간을 양성하는데 있다. 따라서 인문학을 위한 수학이 반드시 필요한 것이다. 그러한 수학이 진정한 수학이기 때문이다.

왜 의미수학인가?

우리는 진정으로 우리에게 필요한 수학을 배울 권리가 있다. 그 것은 의미수학이다. 여기서 의미란 작게는 수학기호 하나 하나의 의미를 정확히 알고 깊이 있게 아는 것이다.

그래야만 그것을 자신에게 유용하게 활용할 수 있다. 그렇게 어렵게 배운 수학으로 겨우 수학시험이나 보는데 만족한다면 문제이다. 강력한 도구인 만큼 큰 일을 할 수 있어야 하는 것이 당연하다.

미적분이라는 강력한 수학을 배웠다면 그것으로 입학시험을 보거나 입사시험을 보는데만 사용할 것이 아니라, 일상생활에서도 활용할 수 있어야 한다.

그럴 수 없는 지식은 죽은 지식이나 다름없다. 사실 대부분의 사람들은 일상생활에서 미적분학을 활용할 일이 없다. 즉, 미적분을 배우는 것은 지적 사치일 수도 있다.

하지만 미적분의 원리나 기본 사상은 우리가 늘 일상적으로 활용하는 상식이다. 즉, 미적분의 공식을 암기하고 풀이법을 익히는 것보다는 그 기본적인 아이디어를 아는 것이 미적분의 의미를 진정으로 아는 것이다. 그래서 우리는 의미수학을 해야 한다.

또한 우리가 의미수학을 하는 이유는 보다 거시적인 입장에서 우리 인생의 참다운 의미를 깨닫는데 있다. 수학의 의미는 세상의 구조를 아는데 있다. 그러한 세상에 존재하며 살아가는 나의 의미 나의 정체성을 아는 것이다.

의미란 전체와 부분의 관계에서 파악된다. 전체를 모른다면 우주의 부분인 우리 인생의 의미도 결코 알 수가 없다. 늘 전체를 관망하는 자세가 필요하다. 의미수학은 늘 이것을 견지한다.

의미수학으로 진정한 수학, 재미있는 수학을 즐길 수 있고, 나아가 자신의 자아실현 자기행복을 깨달을 수 있다. 단편적인 지식의 암기와 편협한 자기 기술만을 고집하는 외길 인생으로는 우주의 심오한 섭리를 이해할 수 없다.

의미수학은 복잡한 현대사회 속에서 작은 부속품으로 소외되어가는 고독한 현대인을 구원할 메시지이다. 지금의 수학교육이 현대사회의 기능인을 양산할 목적을 가진 관영수학의 성격을 갖는다면, 의미수학은 진정한 인간을, 인간다운 인간을 추구하는 것을 목표로 하는 민영수학이다.

엉터리로 엮어진 20세기 산업사회의 고리타분한 수학을 버리고 인간의 냄새가 풍기는 21세기 정보사회의 의미수학을 펼쳐내야 한다.

프롤로그. 수학교육을 개혁하자 · 4

1장_인간을 위한 수학

2장_수학이란 무엇인가?

3장_두뇌와 수학

4장_수와 양

인간학으로서의 수학

대학 4학년 때 한양대 김용운 교수님의 저서인 《인간학으로서의 수학》을 읽었을 때, 아직은 혈기 왕성한 철부지였을 뿐이었다. 그 어려운 책을 나 자신은 나름대로 모두 소화하고 이해했다고 자부했었다. 하지만 그것은 겉으로 이해한 것에 지나지 않았다.

그로부터 20년이 지난 이제서야 수학이 인간학일 수밖에 없었던 이유를 조금은 더 깊이 깨달은 것 같다. 수학이 의미를 갖는 것, 수학기호 하나 하나의 의미는 모두 그 중심에 인간이 있었던 것이다.

때문에 우리가 수학기호의 진정한 의미를 깨닫고 싶다면, 그래서 그것을 제대로 활용해서 수학문제를 비롯해 현실적인 문제, 인 간적인 문제들을 척척 풀어내고 싶다면, 먼저 자기 자신부터 확실 히 알아야 하는 것이다.

나를 위해 수학이 존재하는 것이지 내가 수학을 위해, 수학 점 수를 위해 고통받아야 하는 것은 무언가 대단히 잘못된 것이다. 하지만 현실은 대부분의 고교생들이 수학 때문에 밤잠을 설치며 고통받고 있다는 점이다.

도대체 종잡을 수 없고 의미를 알 수 없는 수학기호들, 계산방 법들 때문에 고민하며, 떨어지는 수학성적 때문에 좌절해야 한다 면 뭔가 이상한 것이다. 그런데도 이 이상한 현상에 대해 아무도 의문을 제기하지 않는다.

선생님이나, 학부모나, 학생이나 모두 원래 수학은 어려운 거 고, 머리 나쁜 학생들이 수학을 못하는 것은 당연한 거라고 그게 상식이라며 모두들 잘못된 최면에 걸린 것처럼 말이다. 그래서 나 는 거대한 음모라도 숨어있는 것은 아닌가 하고 추측하기도 한다.

의미만 알면 이렇게 쉽고 재미있는 수학을 의미를 감추어 둠으 로써 도저히 풀 수 없는 난해한 퍼즐로 만들어 놓고, 그것을 붙잡 고 끙끙대는 학생들의 고통을 즐겨보는 누군가가 있는 것 같다. 그렇게 어렵고 재미없는 수학을 억지로 만든 교육당국 뒤에는 무 언가 '보이지 않는 검은 손' 이 숨어 있는 것은 아닐까?

그들은 어쩌면 교육계에 숨어있는 친일파가 아닐까? 한국의 민 주화와 과학과 산업 등의 발전을 막는 가장 간단한 방법은 수학을 못하게 하는 것이니까 말이다. 그렇게 한국의 발전을 철저히 막고자 하는 음모가 있지 않고서는 수학을 그렇게 엉터리로 가르치기를 고집하는 이유가 설명되지 않기 때문이다.

내 능력의 한계로 그런 음모의 정체와 직접적인 증거를 찾아내지는 못했다. 대신에 나는 수학의 참다운 의미를 설명함으로써 적어도 우리 수학교육 당국이 의도적으로 수학교육을 비인간적인 엉터리로 하고 있다는 결정적인 증거를 학생들과 학부모 모두에게 밝히고 싶다.

수학은 학생들을 괴롭히기 위해, 억압하기 위해 존재하는 것이 아니라 학생들을 위해, 인간을 위해 존재한다는 것을 꼭 밝혀내고 싶다. 인간은 수학을 통해서만이 진정으로 자유로워질 수 있기 때문이다.

인간다움이란 무엇인가?

인간은 자신의 정체성에 대해 고민하는 유일한 동물이다. 고대 그리스 신화에 보면 인간의 기원에 대한 이야기가 나온다. 이 신화를 보면 인간이란 어떤 존재인지, 어떤 존재여야 하는지 대강 짐작할 수 있다. 원시시대 인간은 자연의 폭력 앞에 그대로 노출되어 있는 나약한 존재였다.

인간을 억누르는 강한 힘 앞에서 인간은 크게 두 가지 반응을 보일 수 있다. 첫째는 그 힘에 저항하는 것이다. 둘째는 그 힘에 복종하는 것이다. 전자는 프로메테우스(Prometheus)형 인간이다. 그리고 후자는 에피메테우스(Epimetheus)형 인간이다.

pro는 앞이란 의미이고, epi는 뒤라는 의미, metheus는 생각한다는 뜻이다. 즉, 프로메테우스형 인간은 미리 미래를 예측하고, 대처하는 인간이며, 에피메테우스형 인간은 당하고 나서야 깨닫는 게으르고 어리석은 인간형이다. 공자님도 당해보고 아는 자는 바보 축에 든다고 했다.

프로메테우스는 미래를 예견하기 때문에 강한 힘에 복종하는 것은 결국 자신의 미래가 없다는 것을 잘안다. 그래서 그 힘에 저항하며 자신의 자유를 지키고자 하는 것이다.

그래서 고대 그리스인들은 자유를 빼앗긴 노예, 자유를 추구할 줄 모르는 동물, 무지의 사슬에 얽매인 자는 인간답지 않다고 여겼다. 기원전 480년 페르시아 제국의 독재적 제왕 크세르크세스(Xerxes, BC519?~BC465)는 100만 대군을 이끌고, 자신의 통치에 저항하는 자유사상의 도시국가 그리스를 정벌하려고 나섰다.

이에 스파르타는 겨우 300여 명의 전사를 이끌고 테르모필레 협곡에서 이들을 맞아 싸운다. 크세르크세스는 자신에게 항복하면, 레오디나스를 그리스의 군주로 인정해 주겠다고 제안한다.

하지만 이 사탕발림에 속아 그에게 항복하는 날 그들은 더 이상 자유인이 아닌 크세르크세의 부하들처럼 그의 채찍 아래서 신음

하고 끌려다니는 노예로 전락하고 만다.

그 무엇보다 소중한 자유를 누리고 싶다면, 동물이 아닌 인간으로서 살기를 바란다면 자신의 자유는 자신이 지켜야 한다. 스파르타 300인의 전사가 100만 대군에 맞서 용감하게 몰살당한 이유는 자유를 빼앗기고 동물처럼, 노예처럼 사느니 죽는 것이 낫다는 그들의 자유에 대한 갈망이 죽음의 공포도 극복할 수 있었던 것이다.

아마도 고대 그리스인들이 가장 인간다운 것, 인간의 본성에 대해 확실한 믿음을 가지고, 행동으로 실천한 최초의 민족일 것이다. 그래서 그들은 배부른 돼지보다 배고픈 소크라테스를, 자유가 아니면 죽음을 선택하는 자들인 것이다.

진정한 자유는 무엇인가?

그렇다면 진정한 자유는 무엇인가? 그것은 자유를 박탈당한 상태를 생각해 보면 바로 알 수 있다. 죄수들은 자유를 박탈당하고 어두운 감옥에 갇힌다.

감옥에 갇힌다는 것은 세상에 대해 어떻게 돌아가는지 알 수 없게 된다는 것을 의미한다. 자유를 잃는 것은 곧 정보를 차단 당한다는 것을 의미한다.

진정으로 자유로운 인간이란 진리를 터득한 인간이다. 그래서 공자님은 아침에 도를 들으면 저녁에 죽어도 여한이 없다고 했다. 단 하루를 살아도 진실을 알고 자유롭게 사는 것을 바라는 것이다.

무엇이 어떻게 되어 가는지도 모르면서 목숨이 붙어있다는 것은 불안과 고통 그 자체이다. 그래서 인간은 늘 끊임없이 자신이 살고있는 세계에 대해 탐구한다. 세상이 어떻게 돌아가며, 우주의 구조가 어떻게 이루어졌는지 상황파악을 하고 싶은 것이다.

상황파악은 늘 중요하다. 학교에서 교우들간의 관계가 어떻게 돌아가는지 모른다면 왕따를 당하게 된다. 회사에서 구조조정의 상황이 어떻게 진행되는지 모른다면 명예퇴직을 당할 것이다. 정치적 상황이 어떻게 돌아가는지 모른다면 자칫 아무 잘못도 없이 감옥에 끌려들어가는 수도 있다.

그래서 사람들은 늘 정보를 얻기 위해 못 먹는 술자리에도 끼어들어 동료들이 무슨 이야기를 하는지, 그 속내는 무엇인지 감을 잡아야 한다. 한발자국도 움직일 수 없는 만원 지하철에서도 신문을 읽어야 한다.

더 근원적으로 국제적인 금융시장, 정치적 역학에까지 관심을 넓히는 사람도 있다. 아마도 주변의 정보를 모두 알아냈는데도 불구하고 무언가 부족하다고 느낀 사람들은 이렇게 더 넓은 범위로 정보 수집을 넓힌다.

극단적으로 우주 저 너머에서 무슨 일이 벌어지고 있는지 궁금한 사람들은 UFO 기사가 실린 잡지를 읽는다든지, 극소수의 사람들은 전파망원경을 세우고 우주의 소리에 귀를 기울인다. 즉, 우리는 세계 전체의 모습을 알고 싶은 것이다. 앎이 곧 자유이기 때문이다. 그것도 완벽한 앎이 완벽한 자유를 보장해줄 것이다.

그래서 인간에게는 세계관이 중요하다. 미세한 세균들도 나름의 세계관을 가지고 있다. 그런데 만물의 영장인 사람이 세계관도 없이 세상을 살아간다는 것은 말이 되지 않는다.

웩스쿨

1930년 독일의 동물행동학자 웩스쿨(Jakob von Uexküll, 1864~1944)은 환경세계(環境世界, Umwelt)라는 개념을 제창했다. 인간을 포함한 모든 동물은 이 환경세계를 통해서만 세상을 바라본다는 것이다.

우리는 세상을 있는 그대로 보는 것이 아니다. 우리 시각이 뇌가 만들어내는 세상의 모델을 통해서 세상을 알 수 있다. 문제는 이 모델이 세상의 모습을 완벽하게 재현해낸 것이 아니란 이야기다. 즉, 우리의 세계관은 원래 조잡하고 불완전한 문제 투성의 것이다.

우리가 무언가 잘못을 하고 있다면 그것은 우리의 세계관이 잘못된 것이기 때문이다. 우리가 수학 성적이 나쁘고 공부해도 수학 실력이 오르지 않는 것은 머리가 나쁘고 공부를 열심히 안해서 그런 것이 아니다. 수학을 보는 수학관이 잘못된 까닭이다.

모든 문제 해결의 출발점은 바로 자신의 관점 세계관을 수정하는 것에서 시작된다. 세상을 바꾸기는 어렵다. 잘못된 세상이라고 한탄하지 말라. 잘못된 것은 너 자신의 세계관이다. 세상을 바꾸는 것보다는 자신의 세계관을 바꾸는 것은 아주 쉬운 일이다.

그래서 소크라테스가 너 자신 즉, 너의 세계관을 알라고 경고한 것이다. 인간의 정체성은 결국 인간의 세계관인 셈이다. 인간은 결국 인간 자신의 감옥에 갇힌 존재다. 그래서 부처님은 그 감옥, 아집을 버리라고 가르친 것이다.

여러분이 막연히 생각하는 수학에 대한 고정관념 그 고집을 버리지 않는다면 여러분은 결코 수학을 쉽게 터득할 수 없다. 진리가 너희를 자유케 하리니 살아 숨쉬는 자는 점수가 아닌 진리를 쫓아야 한다.

현실세계, 가능세계, 초월세계

현실세계는 우리의 몸으로 직접 맞부딪치는 경험의 세계이다. 그래서 누구에게나 유일한 세계이다. 이 현실세계에서는 아무리 고상한 분이라도 배고프면 밥을 먹어야 하고, 화장실에서 구린내 나는 대변을 봐야 한다.

그래야 건강하게 현실 속의 삶을 유지할 수 있다. 에피메테우스형 인간은 이러한 현실에 안주하는 지극히 현실적인 인간형이다.

이러한 현실세계를 탐구하기 위해 자연과학, 사회과학 등이 생겨났다. 우리가 매일 보고, 만지고, 먹는 물질들이 어떤 물리적, 화학적 성질을 가지고 있는지 살펴보는 것은 그것들을 유용하게 활용하는 방법을 알아내기 위해서이다.

또한 우리가 매일 만나는 사람들과의 원활한 관계를 유지하기 위해 사회적 현상이 어떻게 변할지 파악함으로써 보다 바람직한 대책을 세울 수 있다.

현실세계는 우리가 매순간 경험하는 유일한 하나의 세계이다. 한 순간에 두 개의 현실이 존재하지 않는다. 설령 존재한다고 해도 우리는 동시에 두 개의 현실세계를 직접 경험할 수 없다.

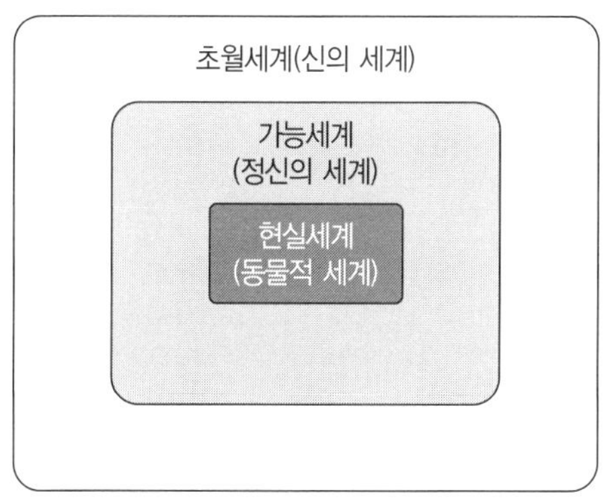

한편 우리는 직접 경험하지 않고 생각만으로 추정할 수 있는 또 다른 현실세계로서 가능세계를 생각할 수 있다. 즉, 가능세계는 생각해 볼 수 있는 정신 속의 세계다.

현실세계는 유일하지만 가능세계는 여러 가지가 있을 수 있는 가공의 세계다. 그래서 직접 경험하고 있는 현실세계보다 더 넓은 세계이다.

이 가능세계를 탐구하는 학문이 바로 수학이다. 수학은 늘 모든 가능성을 염두에 두며, 모든 가능성에 적용할 수 있는 보편적인 해답을 찾아낸다.

프로메테우스형 인간은 이렇게 늘 가능성의 세계를 수리적으로 확실하게 탐구함으로써 미래를 정확히 예견하는 것이다.

한편 우리는 가능세계 너머에 어떤 또 다른 세계가 있음을 막연히 추정할 수 있다. 우리의 정신력이 더 이상 미치지 않는 또 다른 세계가 있을지도 모른다.

우리가 아무리 기를 쓰고 우리의 당면문제를 해결하고자 해도 도저히 어쩔 수 없는 한계가 있음을 절감한다. 그것은 바로 죽음이다. 어떻게 해도 죽음을 극복할 수 없다. 그래서 죽음 저 너머에 어떤 세계가 있다는 생각이 든다.

인간의 뛰어난 지적 능력으로도 어떻게 해볼 수 없는 문제가 있다는 것은 가능세계를 넘어 인간의 지적 능력을 초월한 초월세계가 있다는 생각을 갖게 하는 것이다. 하지만 우리는 초월세계에 대해 아무것도 아는 것이 없고 알 수도 없다.

그래서 공자님께서 삶도 모르는데 죽음을 말하지 말라했고, 사람도 모르는데 귀신에 대해 말하지 말라 했다. 우리도 이 책에서는 초월세계에 대해서는 더 이상 언급하지 않는다. 대신에 우리가 얼마든지 탐구할 수 있는 가능성의 세계, 정신의 세계에 대해 알아볼 것이다. 우선 그 역사부터….

▌정신의 세계

각각의 생물들은 그들이 사는 고유의 영역이 있다. 물고기들은 물 속에서 산다. 물고기는 물을 벗어나면 숨이 막히고 말라죽게 된다. 하지만 물고기들은 수억 년의 세월을 보내면서 공기 중에서도 숨을 쉴 수 있게 진화하여 그 황량한 육지를 삶의 영역으로 개척하였다.

그때가 3억 5천만 년 전의 데본기 말이다. 즉, 양서류가 등장한 것이다. 그리고 석탄기에는 파충류, 포유류가 등장하면서 더욱 깊숙이 내륙으로 퍼져나갔다.

그 드넓은 육지에도 시간이 지나면서 동물들로 차고 넘치게 되고 경쟁이 치열해졌다. 그래서 파충류의 일부는 날개를 발달시켜 드높은 창공을 새로운 삶의 영역으로 개척해 나갔다.

하지만 극적으로 생물의 거처를 확장한 동물은 바로 인간이다. 인간은 두뇌를 크게 발달시킴으로써 정신이라는 무한대의 공간을 그 거처로 확보하는데 성공했다.

정신이라는 광대한 영역을 확보한 것은 물리적 공간의 확보로도 이어졌다. 인간은 달나라 여행이라는 상상력을 현실화함으로써 드넓은 우주공간으로까지 삶의 거처로 확장할 가능성을 열게 된 것이다.

인간을 제외한 그 어떤 생물도 지구를 벗어나 우주공간을 활보한 생물은 없다. 인간의 정신력은 이렇게 위대한 것이다. 그래서 인간은 다른 동물과 달리 육체적인 존재만이 아니고 정신적인 존재이다.

인간을 규정하는 여러 가지 정의가 있지만, 나는 인간을 정신적인 존재로 규정하고 싶다. 인간이 다른 동물과 다른 가장 커다란 특징이기 때문이다.

인간은 이 정신의 세계를 탐험하며 개척해 왔다. 그래서 그곳에 가상의 세계, 상상의 세계, 종교의 세계, 과학의 세계, 예술의 세계 등을 건설한 것이다.

하지만 이 정신의 세계도 많은 위험이 도사리고 있다. 잘못된 정신의 세계로 빠져들면 그 인간이나 집단은 파멸하고야 만다. 누구나 잘못된 생각을 할 수는 있다. 그래서 피드백시스템이 필요하다. 즉, 자신의 생각과 현실이 일치하는지 어떤지 반성하는 것이다.

▌추축시대

독일의 철학자 야스퍼스(Karl Theodor Jaspers, 1883~1969)는 고대에 인류의 커다란 정신적 변혁기로서 추축시대(Achsenzeit)가 있었다고 주장한다.

추축시대란 기원전 500년을 전후로 하여 인류는 동물이 아닌 존재로서 인간 자신에 대한 자각이 일어나고, 약속이나 한 듯이 세계 각지에서 거의 동시에 시작된 정신세계에 대한 개척시대라고 말할 수 있다.

고대 그리스에서는 탈레스를 시작으로 논리라고 하는 정신적인 사고방식을 확립한다. 소크라테스는 영혼을 발견하고 플라톤은 이데아와 질료를 구분한다.

중국에서는 노자와 공자가 실천적 도덕을 확립하고, 인도에서는 윤회사상 등의 형이상학이 깊은 명상을 통해 정립된다. 이스라엘에서는 유한하고 무능한 인간과 대비되는 유일한 존재로서 전지전능의 신 무한한 능력을 가진 신의 개념이 정립된다.

이렇게 이 시기에 불가사의하게도 인류는 각 문명권에서 종교적인, 철학적인 기본 사상들이 확립된다. 이렇게 추축시대에 인간의 정신세계를 탐구하는 베이스캠프가 확보되었다. 오늘날까지 발전해온 인류문명은 바로 이 추축시대가 기반이 된 것이다.

▌그레고리 생물

미국의 철학자 데닛(Daniel C. Dennett)은 그의 저서 《마음의 진화(Kinds of minds, 1996년 두산동아)》에서 환경에 적응하는 생물형을 다음과 같이 4가지로 분류하고 있다.

① 다윈 생물(Darwinian creature) : 대개 생물은 다양한 형질을 가진 새끼들을 많이 낳는다. 여러 표현형(유전자, 개체) 중에서 환경에 적합한 적자가 살아남아 증식하기를 바라는 것이다.

다윈 생물은 새끼를 많이 낳는 번식전략(r – 전략이라고 부른다)을 사용하는 생물로 무척 원시적인 생명체들이다. 박테리아에서 해삼, 굴 등의 단순한 다세포생물까지가 다윈 생물에 해당한다. 이들은 한번에 수억 개의 알을 낳기도 한다.

② 스키너 생물(Skinnerian creature) : 여러 가지 반응을 맹목적으로 시행하여 적합한 행동을 강화한다. 다윈 생물이 개체(유전자)로 희생을 감수하는 시행착오를 감행한다면, 스키너 생물은 행동이라는 새로운 희생양으로 시간과 자원의 낭비를 막는 보다 효율적인 생물이다.

행동이라는 희생양의 등장으로 r-전략과 반대 전략인 k-전략이라는 새로운 번식전략이 시작된다. 즉, 바람직한 행동을 잘하는 소수를 양육함으로써 자원의 낭비를 막으면서 지혜로운 새끼들이 번성하도록 하는 것이다. 다양한 행동과 반응을 시도할 수 있는 비교적 발달된 신경계 등을 갖춘 생물이 스키너 생물이다.

③ 포퍼 생물(Popperian creature) : 내부에 환경을 모방한 모델을 만들고 내부에서 시행착오를 가상적으로 해본다. 즉, 행동이 직관적인 생각으로 바뀐 것이다.

외부 환경을 시뮬레이션할 수 있는 뇌를 갖는 고등한 포유동물들이 포퍼 생물에 해당한다. 포퍼생물은 k-전략의 완성자이다. 즉, 한둘의 새끼만 낳아 정성스럽게 키움으로써 생존력을 극적으로 높인다.

④ 그레고리 생물(Gregorian creature) : 자연적 환경에서 문화적 환경에 사는 생물로 직관적인 생각을 서로 소통하기 위한 논리적 생각이 발달하고, 의사소통에 필요한 기호를 고안해 낸다. 즉, 인간은 그레고리 생물에 해당한다.

또한 그레고리 생물은 자의식을 형성함으로씨 자기 자신을 발전시킬 가능성을 확보했다. 그래서 가장 지능적이고 지혜로운 생물인 것이다. 자의식은 정신의 세계라는 새로운 공간의 주인으로서 그 세계를 개척해 왔다.

▮ r, k-전략

생물은 두 가지 상반된 번식전략을 사용한다고 말했다. 즉, 아둔한 새끼를 많이 낳는 전략, 소수의 똑똑한 새끼를 잘 기르는 전략이 그것이다.

각 생물 종들은 극단적인 r-전략이나 k-전략, 또는 중간적인 전략을 자신의 처지에 맞게 선택하여 번식전략으로 사용한다. 수학공부에서도 이 r-전략을 사용할 것인가, k-전략을 사용할 것인가 하는 문제를 생각할 수 있다. 즉, 무턱대고 많은 수학문제를 풀어봄으로써 수학실력을 높여 고득점을 딴다는 전략이 있을 것이고, 하나의 개념이라도 깊이 파고 확실히 이해하여 한 문제라도 확실히 정답을 찾아내고 차근차근 수학 실력을 다져나간다는 전략이 있을 것이다.

나는 수학에서만큼은 r - 전략보다는 k - 전략이 바람직하다고
본다. r - 전략을 구사하는 것은 대교수학 등 수학학습지 등에서
주장하는 공부법이다. 반복적으로 많은 문제를 풀어봄으로써 학
생이 수학의 계산법을 터득할 수 있다는 것이다.

이는 간단한 초등산술에서는 통할 수 있다. 초등산술은 손으로
수없이 문제풀이를 하는 방법으로 계산술을 습득할 수도 있다. 하
지만 고등수학이 되면 사정은 크게 달라진다.

고등수학은 손으로 하는 수학이 아닌 두뇌로 하는 수학이기 때
문에 수학적 개념들을 확실히 파악하지 않으면 단 한 문제도 손댈
수가 없게 된다.

▌현실과 가상

인간은 정신의 세계, 가능성의 세계에 들어서면서 혼란을 겪게
된다. 즉, 인간은 물리적인 현실의 세계와 정신적인 가상의 세계
를 동시에 사는 셈이다. 인간은 두 세계를 오가게 되면서 혼란을
겪을 수밖에 없는 것이다.

현실의 세계에는 확고한 자연의 법칙이 존재하며, 이것이 모든
자연현상을 지배한다. 때문에 현실을 자기 마음대로 바꿀 수는 없
다. 단지 자연의 법칙에 따라서만 현실을 바꿀 수 있다.

반면 정신의 세계, 허구의 세계는 자기만의 세계로 자기 마음대
로 구성할 수 있다. 거기에는 아무런 법칙도 존재하지 않는다. 그

래서 우리는 엉터리 잘못된 공상이나 망상에 빠질 수도 있다.

그리고 곧잘 착각하기도 한다. 그리고 나아가 그 망상을 현실적으로 실행했을 때 큰 문제를 야기하기도 한다. 그래서 우리는 현실과 부합하는 올바른 정신세계를 구성하는 방법, 올바르게 생각하는 방법을 배우지 않으면 안 된다.

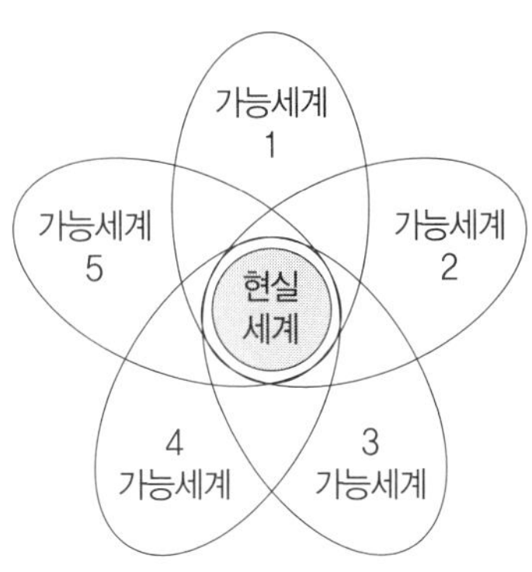

늘 인간의 생각은 현실을 바탕으로 해야 한다. 가능성의 세계는 현실세계를 중심으로 하여 펼쳐지기 때문이다. 현실과 아무런 상관이 없는 생각은 대부분 망상에 불과하기 때문이다. 누구나 하늘을 자유롭게 날면서 세상을 굽어보며 구경하는 상상을 할 수 있다.

마치 슈퍼맨처럼 자유롭게 세상을 날아다닐 수 있다면 얼마나 짜릿할까? 그런데 이런 상상을 그대로 실천에 옮긴 어린 학생이 옥상에서 뛰어내려 그만 죽고 말았다.

하늘을 나는 상상을 현실적으로 구현하고 싶다면, 자연의 법칙인 양력을 이해해야 한다. 그리고 그 양력을 얻기 위한 장치인 날

개를 고안하고, 그 날개를 조정하고 제어하는 기술적인 문제들을
모두 해결해야만 한다.

처음으로 비행에 성공한 라이트 형제는 하늘을 나는 공상을 현
실화하기 위해 이런 문제들을 모두 해결한 것이다. 그래서 그들은
꿈을 현실화하는데 성공했다.

우리는 쉽게 망상에 빠지기 마련이다. 그 망상에 사로잡혀 인생
을 망치는 사람들을 나는 수없이 보아왔다. 사이비 종교에 빠져
이상한 망상을 날마다 하면서 자기 전 재산을 날리고, 가족을 버
린 사람들, 결국에는 처참한 최후를 맞는 사람까지.

종종 있는 연예인들의 자살도 자신의 생각과 현실적인 괴리를
이겨내지 못한 비극이라고 해석할 수도 있다. 인간은 환상을 쫓는
존재이다. 환상을 쫓다가 사기를 당하기도 한다. 사기꾼들도 인간
이란 존재가 환상을 쫓는다는 것을 이용하여 사기를 치는 것이다.

우리가 잘못된 환상이나 망상에 빠지지 않는 길은 정신의 세계
에 법칙을 세우는 것이다. 정신의 세계는 자유로운 세계이지만 그
곳에도 나름의 법칙이 있다.

그 법칙들은 현실을 반영해야 한다는 법칙에서부터 시작해서
논리학의 법칙들, 수학의 법칙들이 그것이다. 우리가 수학을 공부
해야 하는 중요한 이유는 수학이 입시과목이기 때문이 아니고 잘
못된 망상에 빠지지 않도록 도와준다는 데 있다.

우리 중학교, 고등학교 수학은 얄팍한 수학적 계산술이나 가르
칠 뿐, 이런 수학의 중요한 임무에 대해서는 아무것도 가르쳐주지

않는다.

 수학을 알아야 진정으로 인생이 행복해질 수 있다. 한국인이 사이비 종교에 쉽게 빠지고 망상을 잘하는 이유는 정신세계의 법칙인 수학이 없기 때문이다.

프로메테우스와 에피메테우스

 대한민국 최고의 기업이라는 삼성의 이건희 회장은 기업가인가? 나는 아니라고 본다. 그가 고려대 철학박사 학위를 돈으로 받기 위해 무리를 하다가 결국 학생들의 반대시위로 무산되는 낯뜨거운 모습을 보이는 것만 보아도 알 수 있다.

 이건희는 그저 반도체 장사꾼에 지나지 않는 것이다. 장사꾼과 기업가는 다르다. 장사꾼이란 그저 이문에만 관심이 있다. 하지만 사업가는 새로운 부가가치를 창출함으로써 장사꾼보다 더 이문도 잘 챙기지만, 그가 사업을 하는데는 사업의 이념이 더 중요하다.

 빌게이츠는 분명 윈도우즈라는 프로그램을 독점적으로 팔아먹는 악덕 장사꾼이기는 하다. 하지만 그는 세상에 없던 프로그램 시장을 처음으로 개척해낸 기업가이기도 하다. 그는 프로그램을 팔아 번 돈의 상당량을 난치병을 치료하기 위해 연구하는 연구소 등에 기부하는 등 사회적인 기여도 게을리 하지 않았다.

빌게이츠처럼 기업가는 이 세상에 없는 새로운 사업으로 창업함으로써 세상을 발전시키고 자기 꿈을 실현하며, 사회에 기여하고자 하는 원대한 포부가 있다. 장사꾼과 기업가가 이렇게 다르듯이 장교와 병사가 전쟁을 보는 전쟁관이 다르고, 과학자와 기술자의 세계관도 다르다.

장교는 자기 부하들을 죽이지 않고 전쟁을 승리로 이끄는 방법을 고민한다. 반면 병사는 전우가 죽더라도 자기는 죽지 않기를 바라며, 적을 잘 죽여 훈장이라도 하나 타기를 바란다. 앞에서 인간을 두 가지 형태로 구분한 적이 있다. 직업에 귀천은 없다지만 이것을 직업별로 다시 정리해본다.

한쪽은 이상을 추구하는 사람들이고, 다른 쪽은 지극히 현실적인 사람들이다. 누구나 현실을 외면할 수는 없다. 모두 현실에 발을 딛고 산다. 하지만 머리만큼은 저 높은 하늘을 응시해야 한다.

머리까지 땅을 바라본다면 그것은 동물과 다를 바가 없다. 한국사회에 진정한 기업가, 예술가, 과학자, 수학자, 장교, 귀족적인 인간이 얼마나 있을까?

강남 아파트에 살고 외제 고급승용차에 명품을 소유한다고 귀족이라고 착각하는 사람들은 많지만, 신의 섭리를 이해하고 자연의 법칙을 터득한 고귀한 귀족적 정신을 소유한 자가 진정 귀족이라는 것을 아는 사람은 드물다.

프로메테우스	에피메테우스
이상추구, 능동적	현실추구, 수동적
장교	병사
과학자	기술자
수학자	계산가
예술가	페인트공
귀족적 존재	노예적 존재

객관식 시험은 노예교육

다른 과목은 몰라도 수학시험만큼은 객관식 시험으로 테스트해서는 안된다. 수학문제는 한정된 정보로부터 알고 싶은 미지의 정보를 추정해 내는 능력을 테스트하는 것이기 때문이다.

그런데 객관식 시험은 4개 중에 하나가 정답이라는 것을 학생들에게 알려주는 셈이다. 따라서 학생들은 방정식을 직접 풀어서 답을 찾아내지 않고 역으로 답을 방정식에 대입해봄으로써 더 간단하게 답을 찾는 요령을 부리기 마련이다.

이는 수학적 추론 능력이 아니라 잔꾀가 얼마나 좋은지 테스트하는 것으로 변질되어버린 셈이다.

친일파 박정희가 쿠데타로 정권을 탈취한 이래 일제시대에 일본이 조선민을 노예로 양성하기 위해 노예적인 교육을 강요한 것처럼 박정희는 한국민을 노예로 만들기 위한 친일적 교육을 그대로 시행했다. 그것이 주입식 교육이요, 객관식 시험이다. 객관식 시험을 도입할 당시 여러 음모설이 난무하기도 했다.

4개의 답안 중에서 하나의 정답을 골라내라는 객관식 시험은 학생들의 주체성을 키워주지 못한다. 이런 방식은 마치 유치원생들처럼 아직은 충분한 의사결정력이 없는 어린애를 대하는 태도이다.

4개의 답을 정해놓고 거기서 정답을 고르라는 객관식 시험은 평가가 간단하며, 공정하고, 객관적이라는 미명 하에 노예 근성을 심어주는 것에 지나지 않는다. 노예에게는 선택권이 그다지 없다. 노예로 살며 주인에게 복종하거나 아니면 죽음을 택하라는 것이다.

하지만 자유인에게는 무한대의 선택권이 있다. 주관식의 답도 무한대이다. 때문에 주관식은 자유인으로서 주인의식을 길러준다. 주관식은 자신이 자신만의 답을 만들어가야 하기 때문이다.

한국 교육계가 채점의 용이함과 객관적 평가라는 장점을 주장하면서 객관식 시험을 고집하는 데는 뭔가 음흉한 심산이 숨어있었다는 것을 아는 사람은 그다지 많지 않다.

사실 채점의 용이함은 주관식이 더 나을 수도 있다. 특히 오늘날 컴퓨터의 OCR 등의 기술적 발달은 주관식 채점을 더욱 편리하게 만들어줄 것이다. 아니 아예 인터넷으로 논술 주관식 시험을 볼 수도 있다.

주관식은 컨닝도 불가능하다. 왜냐면 자신만의 주관을 표현해야 하기 때문이다. 때문에 개방된 상태에서 얼마든지 자유롭게 시험을 보게 할 수 있고, 객관식 시험보다 비용이 훨씬 저렴하다.

반면 객관식은 적지 않은 비용을 들이며, 돼지우리 같은 교실에 돼지들을 가두어두는 식으로 학생들을 가두어두고 감시관을 붙여 시험을 본다.

이런 행태 자체가 노예를 만드는 분위기를 조성하며, 너희는 노예이며 정부가 우수한 노예를 선발하기 위한 시험을 통과해야 한다는 식이다.

광주사태의 비극도 바로 이 노예교육을 받은 군인들에 의해 저질러진 것이다. 군인이란 흔히 명령에 죽고 산다고 가르치고, 명령에 즉각 따르도록 훈련받는다. 그렇게 훈련받은 군인은 적을 죽일 권리와 의무를 갖는다. 그리고 전리품을 가질 권리도 군인에게 있다.

하지만 아무리 군인이라도 항복한 적을 죽일 순 없다. 그러면 살인혐의로 군법재판에 회부된다. 그런데도 광주에 투입된 공수부대원들은 비무장의 자국민에게 총질, 칼질, 몽둥이질을 서슴없이 해댔다.

그들은 상부의 명령에 로봇처럼, 노예처럼 움직이는 노예교육을 철저히 받은 까닭이다. 한마디로 그들은 인간이 아닌 살인병기에 지나지 않았던 것이다.

오늘날 수능시험은 마치 국가적 행사처럼 되었다. 아침부터 교통이 통제되고 방송과 언론사는 수능일의 이모저모에 대한 뉴스를 전하느라 바쁘다.

모두가 국민을 노예로 만드는데 동참하는 셈이다. 객관식 시험보다 주관식 시험의 탁월한 장점에도 불구하고 객관식 시험을 그렇게 오랫동안 고집한 이유는 무엇인가?

오늘날 한국의 수학교육은 진정한 인간을 키워내기 위한 교육이 아니다. 교육당국의 수학교육의 목표는 무엇일까? 아마도 국가에서 필요로 하는 계산능력을 가진 인적 자원을 충당하는 정도가 아닐까 한다.

때문에 그들은 수학교육에서 인격도야는 관심이 없다. 수학교육에서 중요한 것은 해답을 찾아내는 능력이지 수학적 진리를 탐구하고 그것을 마침내 깨달아 우주를 창조한 신의 섭리를 이해하고 우주와 하나되는 완성된 인격체로 거듭나는 것 같은 고상한 목표 따위는 없는 것이다.

2장 | 수학이란 무엇인가?

수는 만물의 근원

수학의 본질을 처음으로 꿰뚫어 본 사람은 고대 그리스의 수학자 피타고라스(Pythagoras, BC 582? ~ BC 497?)이다. 그는 수로서 모든 만물을 설명하고, 우주를 이해하려고 시도했던 사람이다.

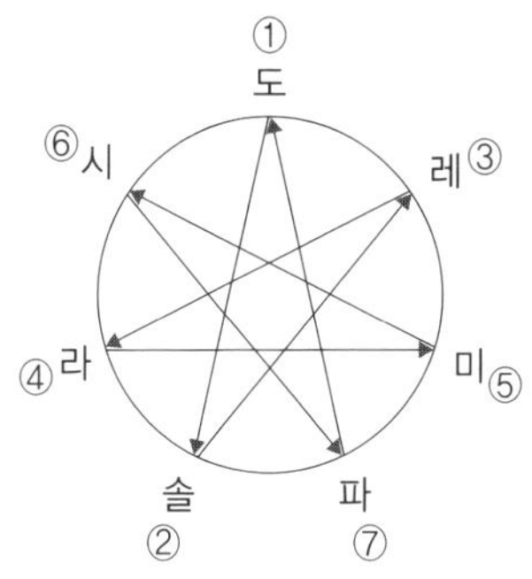

피타고라스

그가 이런 생각에 도달하게 된 것은 수학과 아무 관련성이 없어 보이는 음악에서 수학적 질서를 발견한 것에서 비롯되었는지도 모른다.

그는 조화를 이루는 아름다운 음악 소리를 내기 위해서는 하프 줄의 길이가 정수의 비를 이루어야 한다는 것을 우연히 발견하게 되었다.

하프 줄의 길이가 1인 음을 도로 하면, 길이 1/2음은 1옥타브 높은 음인 도가 된다. 또 길이 2/3음은 5도 높은 음인 솔이 된다. 이런 규칙으로 피타고라스는 그림에서 보는 것처럼 모든 음계를 만들어냈다.

이뿐만이 아니다. 그는 수 1과 기하학의 기본 요소인 점을 대응시켰다. 그리고 삼각형, 사각형, 오각형 등의 모양에도 수리적 규칙이 있음을 주장했다.

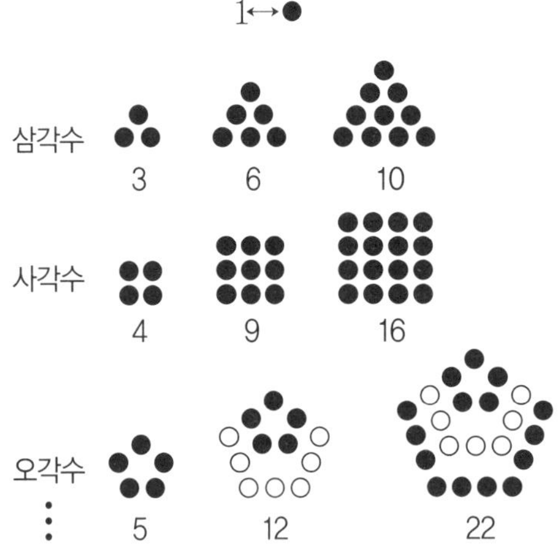

이렇게 피타고라스는 수로써 만물의 형상을 설명하려고 시도했다. 뿐만 아니라 2는 여자, 3은 남자이며, 2+3=5로 5는 결혼의

수라며, 수로써 인간사도 설명하려했다. 그에게는 수가 만물의 원리요, 근원이었던 것이다.

세상을 바라보는 눈에는 두 개의 눈이 있다. 하나는 잡다한 세상을 있는 그대로 바라보는 눈이다. 고대 이집트인이나 중국인은 세상을 있는 그대로 잡다한 것들 그대로 바라보는데서 만족했다.

하지만 또 다른 하나의 시각이 있는데, 그것은 세상의 그 잡다한 것들, 혼잡스러운 것들 속에서 하나의 질서, 원리를 찾아내어 그 원리에 의해 세상을 통일적으로 바라보는 눈이다. 고대 그리스인들은 이런 눈으로 세상을 꿰뚫어 보고자 했다.

나름의 심오한 사상체계를 세운 피타고라스는 수많은 학생들을 거느린 인기 있는 학자요, 그 세력으로 정치적 영향력도 막강해졌다. 그런 전성기에 그에게 위기가 닥쳤다. 그것은 그의 사상을 뿌리 채 흔드는 것이었다. 그가 증명에 성공하여 그렇게 기뻐하던 피타고라스 정리에서 $\sqrt{2}$라는 이상한 수가 생겨났다.

그의 제자 중 한사람인 히파소스(Hippasos, BC 500)가 피타고라스 정리의 가장 간단한 경우인 $1^2 + 1^2 = 2$ 의 경우를 검토하였다. 여기서 그는 그림과 같이 점 5개를 1로 했을 때, 어떻게 해도 빗변을 온전한 점으로 채우는 것이 불가능하다는 것을 알게 된다.

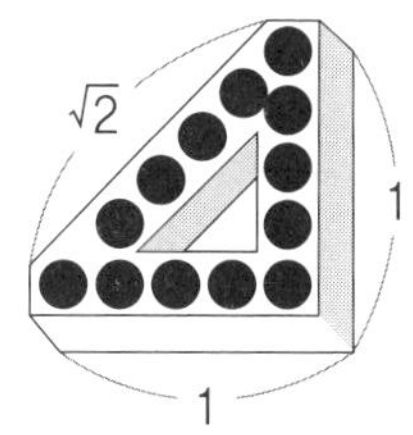

원래 피타고라스는 선이란 크기가 있는 점들이 일렬로 늘어선 것이라고 생각했으며, 그런 선의 길이는 점의 개수인 자연수로 나타낼 수 있고, 적어도 자연수의 비로 충분히 나타낼 수 있다고 생각했다. 하지만 이 빗변의 길이는 그 어떤 수로도 나타낼 수 없는 길이를 갖는 선분이었다.

피타고라스는 이것이 다른 사람들에게 알려지는 것을 막기 위해 그 제자를 암살해버린다. 하지만 곧 그 비밀은 다른 사람들에게도 알려지고, 피타고라스의 사상은 의심받기 시작하며, 학생들도 그의 곁을 떠나갔다. 그리고 피타고라스도 그의 정적들에게 암살당하고 만다.

피타고라스는 비록 실패하고 말았지만, 그는 처음으로 세상을 통일적으로 바라보고자 시도했던 사람이다. 이러한 그의 원대한 구상과 사상은 후대의 사람들에게 면면이 이어져간다.

마테마타

고대 그리스에는 두 가지 수학이 있었다. 그것은 노예들이 익히는 계산술(Logistike)과 자유인들을 위한 수학(mathemata)이 그것이다.

고대 그리스는 노예경제사회로 자유인은 경제적 생산을 노예에 의존하였으며, 자유인은 정치나 전쟁 등에 참전하는 역할을 했다. 전쟁에는 용맹한 군인만큼이나 중요한 것이 병참(logistic)이다. 즉, 군인들이 든든하게 식사를 해야 용감하게 싸울 수 있는 것이 다. 바로 노예들이 군인들의 식사준비를 하고, 그 보급량을 계산 할 수 있어야 했기에 노예들에게 간단한 계산술(Logistike)을 가 르쳤다.

앞에서 서술한 페르시아의 크세르크세스에 대항한 스파르타의 300인의 용사들도 사실 900여 명의 노예 보급부대를 같이 거느리 고 있었고, 그들도 결국 모두 몰살당했다. 그럼에도 전사한 용사 로 기록되지 않은 것은, 노예는 자유의지를 가지고 전쟁에 참전한 것이 아니기 때문이다.

노예들의 실용적인 계산술과는 그 성격이 전혀 다른 수학인 마 테마타는 평화시의 한가로운 자유인들의 정신수양용의 수학이었 다. 원래 마테마타(mathemata)라는 그리스어는 배움(math)이 가능한 것(mata)이라는 의미다. 자유로운 영혼의 소유자는 늘 이 것을 추구하며, 우주의 원리를 깨달아야 한다고 생각했다.

그래서 신의 간섭도 받지 않는 자유로운 존재로 거듭나며, 그런 존재가 진정으로 인간다운 존재라 여겼다. 그리스인들의 신화를 보면 인간이 신에 맞서는 장면이 적지 않게 등장한다. 인간이 신 에게 맞설 수 있는 것은 바로 프로메테우스의 선물 마테마타가 있 었기 때문이다.

플라톤과 아리스토텔레스는 마테마타에 산술, 기하, 음악, 천문을 포함시켰다. 자유인이 갖추어야 할 교양은 이들 과목이었다. 즉, 수학(학문)이란 수론, 기하, 음악, 천문에 공통적인 원리를 터득하는 것이다.

마테마타(수학)			
산술	기하	천문	음악
순수한 수학	정적인 수학	동적인 수학	생활의 수학

마테마타는 중세 유럽에서 자유7학과로 전승되었다. 자유7학과는 카펠라(Martianus Capella, 365~440)가 대학과목으로 정착시켰다. 기독교적 세계관을 가진 중세인들은 신의 섭리를 알고 그에 따라 생활하는 것이 중요하다고 생각했다.

카펠라

그러기 위해 그들은 성경책을 해독하는 능력을 갖추기 위한 3학(논리, 수사, 문법)과 신의 섭리에 의한 자연현상을 이해하기 위한 그리고 그 능력을 갖추기 위해서 4과(천문, 산술, 기하, 음악)를 공부해야 한다고 생각했다.

모든 학생들이 자유7학과를 교양필수 과목으로 학부 과정에서 배워야 한다. 그리고 전문학부 과정이 되면, 법학, 의학, 신학 등을 더 공부한다.

여기서 다시 한번 강조하지만 수학은 결코 계산 능력이나 수리적 사고력을 키우는 것이 목적이 아니다. 수학은 자연의 섭리를 이해하고 고귀한 영혼을 가진 존재, 참다운 자유인 귀족으로서 교양과 품위를 위해 필요한 학문이었다는 점이다.

하지만 오늘날 한국의 수학교육이 목표로 하는 것은 무엇인가? 학생들이 수학을 공부하는 이유는 무엇인가? 단순히 학교 성적이나 대학입시를 위한 수능점수 때문이 아닌가? 이런 잘못된 수학관이 오늘날 한국의 수학교육을 크게 왜곡시키고 있는 것이다.

한국의 학생들은 비슷비슷한 내용의 수학참고서를 3권, 4권씩 가지고 밤을 세워가며 수학문제 풀기를 반복하고 있다. 이는 마치 노예들이나 익히던 계산술로써 수학을 공부하고 있는 것과 마찬가지이다.

왜 자유인으로서의 삶, 귀족적인 품위를 유지하면서 우아하고 행복하게 사는 삶을 준비하지 않고, 대신에 상사의 눈치나 보며, 가족을 부양하느라 허덕이며 살아야 하는 노예적인 삶을 학생들은 미리서 연습하는 것일까?

그것은 한국의 소위 명문대학들과 선생님이 입시시험과 내신점수 등을 당근처럼 앞에 걸어두고 뒤에서 학부모와 함께 학생들을 채찍질하기 때문이다. 우리 학생들은 그렇게 노예로 길들여지고 있는 것이다.

노예는 배고픔 때문에 눈앞의 빵 조각에 정신을 잃고 자신의 자유를 저당 잡힌다. 우리 학생들이 그 점수 하나 때문에 청춘을 답답한 교실에 갇혀 자신의 자유를 누려보지 못한다면 얼마나 슬픈 청춘인가? 자유가 아니면 죽음을…. 진리가 너희를 자유케 하리니 살아 숨쉬는 자는 점수가 아닌 진리를 쫓아야 한다.

▌현대 수학

오늘날의 현대 수학은 물론 고대 그리스시대의 마테마타는 아니다. 다 알다시피 이미 오래 전에 음악과 천문학은 완전히 수학에서 독립해 나가버렸다. 근세의 수학은 수와 도형의 학문으로 특징 지워진다.

그리고 오늘날 현대 수학은 수와 도형을 넘어 집합과 그 집합에 주어진 구조라는 추상적인 대상을 연구하는 추상수학의 성격을 갖게 되었다.

집합론을 기반 삼아 그 위에 방정식을 연구하는 대수학, 도형을 연구하는 기하학 그리고 이 둘을 결합한 해석학, 위상수학 등으로 수학의 기둥을 세우고 그 위에 여러 응용이론들을 지붕 삼아 올려진 학문의 건축물이다.

사람이 집을 짓는 것은 그 속에서 안락하게 살기 위한 것처럼 수학이라는 건축물은 우리 인간이 세계를 이해하고 우주의 구조를 파악함으로써 그 속에서 안락하게 세계를 관망하며 우주를 탐구하고자 함이다.

수학자들이 수학을 하는 목적과 이유가 이렇다. 이런 목적과 이유를 알고서 수학을 배워나가면 보다 쉽게 수학을 이해할 수 있는 것이다.

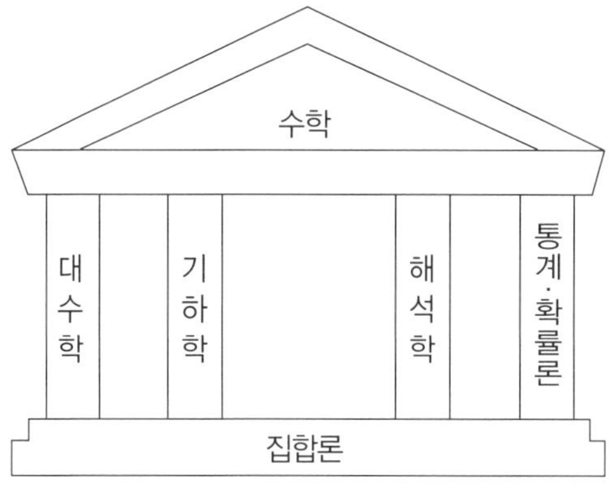

수학의 전당

수학은 형식체계이다

수학이란 학문의 성격을 우리가 분명히 파악하면, 수학을 아주 쉽게 잘 공부할 수 있다. 처음 서울구경을 온 시골학생이 지도를 보고서 서울이라는 도시의 대략적인 윤곽을 알고, 서울시내를 돌면서 구경을 한다면 보다 즐거운 관광이 되는 것처럼 말이다.

오늘날 수학자들은 공리주의라는 사상으로 수학을 바라본다. 즉, 수학은 하나의 형식체계(formal system)에 지나지 않는다는 것이다. 이런 이야기는 매우 철학적인 이야기인지라 오히려 수학을 더 어려워하게 될지도 모르겠다. 하지만 수학이 형식체계라는 점을 먼저 파악하는 것이 당장은 어렵더라도 소개하는 이유가 있다.

필자가 처음에 장기를 배우거나 바둑이라는 게임을 배울 때는 무척이나 어려웠다. 하지만 그 게임에서 사용하는 말의 종류를 알고, 말을 운영하는 규칙을 알게 되면서 이제 즐겁게 게임을 즐길 수 있게 됐다. 마찬가지로 수학도 하나의 게임이다. 수학에서 사용하는 말(기호)이 어떤 것이고, 그것들을 조작하는 법칙이 무엇인지만 파악하면, 수학이라는 게임을 신나게 즐길 수 있기 때문이다.

형식체계 또는 형식언어라고도 부르는 것은 몇 개의 알파벳(혹은 무정의 용어)과 이들 알파벳으로 이루어진 기본적인 문자열(이것이 수학에서 공리에 해당한다) 몇 개, 그리고 이 기본적인 문자열로부터 새로운 문자열들을 유도하는데 필요한 몇 개의 규칙들로 구성된다. 이런 것은 수학자가 자기 마음대로 정하는 것이다.

그래서 다양한 게임이 만들어지는 것처럼 다양한 수학의 이론들이 만들어지게 되는 것이다. 필자는 대학원을 다닐 때 유한기하학이라는 매우 특이한 수학을 공부한 적이 있는데, 이 기하학은 우리가 상식적으로 생각하는 기하학과는 전혀 다른 기하학이다. 그것은 마치 고승의 선문답하는 식의 알송달송한 세계였으며, 일종의 지적 게임이요, 유희와 같은 것이었다.

형식체계를 건축물에 비유하자면 알파벳은 벽돌 등의 건축자재이며, 공리는 기초공사에 해당한다. 그리고 규칙은 건축자재들을 결합시키는 방법이다. 다음은 간단한 형식체계의 한 예이다.

지금 알파벳으로 a, b, c 세 개의 기호가 주어지고, 다음에 ab라는 문자열이 공리로서 주어진다. 다음에 새로운 문자열을 생성하는 규칙으로 다음 4개의 규칙을 사용할 수 있다.

1. 문자열의 마지막이 b인 경우 거기에 c를 붙일 수 있다.

2. 문자열 ax가 있다면 axx도 만들 수 있다(x는 임의의 문자열을 의미한다).

3. 문자열 중에 bbb가 있다면 bbb 대신에 c를 넣은 문자열을 만들 수 있다.

4. 문자열에 cc가 있으면 이것을 삭제할 수 있다.

이런 것도 일종의 수학이라고 할 수 있다. 이제까지 학생들이 생각하는 수학과는 너무도 다르기에 조금은 어안이 벙벙하겠지만 잘 생각해보면, 우리가 배우는 수학도 이런 것과 본질적으로 다르지 않다는 것을 알 수 있다.

따라서 수학에서 말하는 숫자나 연산기호, 도형의 기호 등은 형식체계의 알파벳 즉, 기본 문자에 지나지 않는다. 그리고 우리가 덧셈, 뺄셈 등의 연산을 할 때는 일정한 규칙을 따른다. 예를 들어 교환법칙이나 결합법칙 등이 그것이다. 우리가 배우는 수학은 좀 더 많은 기호를 사용하고, 좀 더 복잡한 규칙들을 사용한다는 차이뿐이다.

이제 이 형식체계에서 문자열 ab로부터 문자열 ac를 유도할 수 있는가 알아보자. 우선 ab로부터 규칙 1에 의하여 abc를 만든다. 다음에 abc에서 규칙 2에 의하여 abcbc를 만든다….

다시 ab에서 abb를 만든다.

$$ab b \rightarrow abbbb \rightarrow acb \rightarrow acbc \rightarrow acbccbc \rightarrow acbbc \rightarrow acbbc$$
$$cbbc \rightarrow acbbbbc \rightarrow acbcc \rightarrow \cdots$$

뭔가 잘되지 않는다는 것을 알 수 있다. 그렇다 단지 위의 4개의 규칙만 사용하고, ab라는 문자열에서만 출발하면 ab에서 결코 ac를 유도할 수는 없다. ab에서 ac가 나오기 위해서는

$$ab \rightarrow abb \rightarrow abbb \rightarrow ac$$

의 과정이 필요하다.

하지만 abb → abbb의 과정 즉, 짝수개의 b에서 홀수개의 b를 만드는 것을 위의 4개의 규칙으로는 도저히 만들 수가 없기 때문이다. 이처럼 형식체계에서는 결코 증명할 수 없는 정리도 있다. 이 사실 자체를 '위장병 걸린 악마' 라는 별명을 가진 괴델이라는 수학자가 증명하였다. 수학은 간혹 위장병을 걸리게도 한다. 수학에 빠진 사람들은 그 재미 때문에 제때에 밥 먹는 것도 잊을 때가 많아서이다.

절대 진리의 세계를 추구한다고 믿는 수학자들에게 수학적인 형식체계 안에는 결코 증명될 수 없는 공식이 존재한다는 사실은 매우 충격적이었다. 한마디로 우주에는 결코 증명할 수 없는 진리

가 있다는 이야기다. 하지만 이것을 그다지 충격으로 느끼지 않는 사람들도 있다. 수학이 절대 진리를 추구하는 완벽한 이론체계라는 믿음을 애초에 갖지 않는 사람들이다.

옛부터 동양의 수학은 지극히 실용적인 성격 이상의 것은 아니었다. 동양의 수학자(이들을 산학자라고 부름)들은 그저 왕명에 의해 필요한 계산을 해내 보고하면 그뿐이었다. 왕은 농경사회를 다스리는데 있어서 근사값으로도 충분했다.

예를 들어 저수지를 만드는데 필요한 인부의 숫자, 성곽을 구축하는데 필요한 인부와 날짜, 쌀의 수확량과 세금 등의 계산문제가 그것이다. 인부가 한두 명 많거나 적다고 절대권력자인 왕에게는 큰 문제가 되지 않는다.

동양에서의 수학자들은 이처럼 단지 권력의 필요에 따르는 계산기술직에 불과했던 것이다. 때문에 수학이 진리를 추구하는 학문이라는 생각 따위는 없었다. 그래서 서양수학에서는 중요한 (진리의) 존재증명이 동양의 수학에서는 결코 등장하지 않는다.

이러한 전통이 오늘날의 우리나라 수학교육에도 그대로 흐르고 있다. 학생들이 미적분의 공식을 외우는 이유는 그 의미를 깨닫기 위해서가 아니다. 단지 시험문제풀이나 공학적인 계산에 필요하기 때문이다. 조선시대의 왕명은 오늘날 수능시험이라는 새로운 명령으로 바뀐 것뿐이다.

그래서 어명대로 학생들에게 공식의 의미 따위는 전혀 설명할 필요 없이 무조건 암기하고, 객관식 답을 연필을 굴려서라도 맞추는 무지막지한 교육이 자행된 것이다. 독재의 가장 큰 피해자는 학생들이다.

이렇게 잘못된 수학관이 계속되는 한 논증적인 오늘날의 수학은 필요 이상으로 어려운 과목이 되어버린다. 오늘날의 수학은 단지 형식체계에 불과한 것으로 그런 무의미한 기호의 암기와 조작은 아이들에게 금방 싫증을 느끼게 만든다. 때문에 우리는 학생들이 무의미한 기호의 세계, 형식체계를 암기하도록 강요할 것이 아니라 기호의 의미를 파악하고, 형식체계를 실제세계로 해석해 낼 수 있는 능력을 키워주는 것이 중요하다.

이 세상은 수많은 형식체계들로 구성되어 있다. 각 형식체계에서 만들 수 있는 기호열과 그 의미에 대한 해석으로 세상은 돌아가는 것이다. 한국이라는 형식체계, 미국이라는 형식체계, 일본이라는 형식체계, 재벌이라는 형식체계, 군대라는 형식체계, 공장이라는 형식체계 등 모두가 형식체계이다.

그 체계의 규칙에 의해 새로운 기호열이, 새로운 사상이, 새로운 상품이, 새로운 문화가 나올 뿐이다. 한마디로 수학을 통해 세상을 보는 새로운 관점을 키울 수 있어야 한다. 이런 안목이 생기면, 이제까지 세상에 끌려다니는 수동적인 삶에서 세상 전체를 관망하면서, 세계를 이끌어갈 수 있는 능력이 생겨 적극적인 삶을 살아갈 수 있게 된다. 수학을 통해 인간은 이렇게 성장할 수 있는 것이다. 인간은 자신의 성장에서 가장 큰 기쁨을 맛본다.

세계의 설명이론

필자는 어릴 적에 잠을 설치는 무더운 여름밤이면, 시원한 마당에 나와 평상에 누워 새카만 밤하늘에 총총히 떠있는 별들을 쳐다보면서, 여러 공상에 잠기기도 했다. 그때 마침 읽고 있었던 우주과학의 책에서는 저 아득한 우주공간에 흩어져 있는 별들의 세계에 대한 이야기가 있었다.

반짝반짝 빛나는 별을 보면서 내가 살고있는 이 세계와는 다른 세계가 저 멀리 우주공간에 있다는 생각을 하며, 형용할 수 없는 신비로움을 느끼기도 했다. 그러면서 우리가 살고 있는 이 세계의 구조는 어떻게 생겼을까? 하는 의문도 슬며시 들었다.

일본 동경대학의 기노시타 세이이치로(木下淸一郎, 1925~) 교수의 《마음의 기원(心の起源, 中公新書 2002년)》이란 책에서는 하나의 세계가 형성되는데 반듯이 필요한 것으로 세계의 출발점인 특이점, 기본요소, 기본원리, 전개방식을 들고 있다. 그리고

여러 세계 세계의 조건	물질세계	생물세계	마음의 세계
특이점 : 세계의 출발점	빅뱅	자기복제	통각(의식)
기본요소 : 세계 구성요소	소립자	유전자	표상
기본원리 : 세계법칙	보전법칙	자기증식	추상
자기전개 : 요소와 원리에 따라	엔트로피 증대법칙	자연도태	자유의지

세계의 구성원리

물질세계에서 마음의 세계까지의 계층성에 대해서 표와 같이 정리하고 있다.

형식체계는 이 세계의 구성원리를 그대로 모방해서 세계를 설명하는 이론을 만드는 것이다. 형식체계는 세계의 출발점인 특이점에 해당하는 무정의 용어가 있고, 이들 무정의 용어로 만든 공리가 있으며, 그리고 공리를 출발점으로 하여 추론규칙을 적용하여 정리를 증명하거나 유도해낸다. 그렇게 해서 이론체계가 형성되는 것이다.

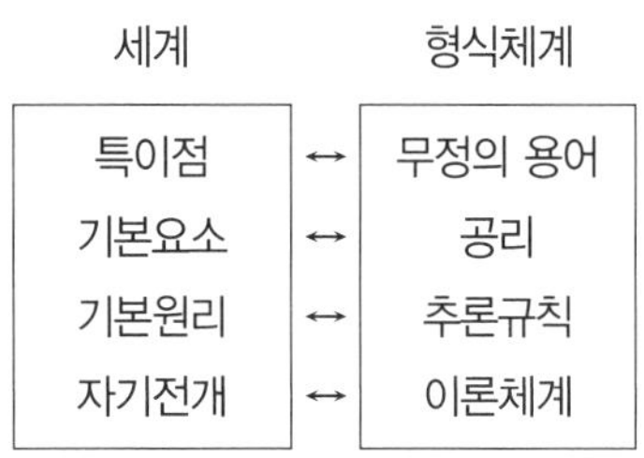

예를 들어 기하학이라는 형식체계는 도형(모양)의 세계를 설명하는 이론체계로써 먼저 점, 선, 면 등의 무정의 용어를 도입하고, 그리고 임의의 두 점을 연결하는 직선이 존재한다. 모든 직각은 서로 같다는 등의 공리를 채택한다. 그리고 삼단논법 등의 논리적 추론 규칙으로 새로운 기하학적 내용들, 예를 들어 피타고라스의 정리, 이등변삼각형의 두 밑각은 같다는 등의 내용을 증명하는 것이다. 이처럼 형식체계는 설명하고자 하는 세계의 하나의 모델이 되는 것이다.

형식체계(이론)가 세계를 설명하는데 모순에 빠지거나 한계를 보이면, 그 형식체계 즉, 이론은 폐기되고 새로운 이론을 만들어낸다. 뉴턴역학은 지구상의 물체의 운동과 천체의 운동을 잘 설명했던 역학이론(형식체계)이었다. 하지만 그 뒤로 빛의 파동성과 입자성의 이중성을 설명하지 못하고, 시공연속체의 문제 등을 설명하지 못하면서 양자역학이나 상대성이론 등의 새로운 역학이론이 등장해야 했던 것이다.

이처럼 우리가 수학이라는 형식체계를 공부하는 것은 수학이 설명하고자 하는 세계(우주)가 무엇인지 깨닫기 위해서이다. 그것이 아니라면, 골치 아픈 수학을 그렇게 힘들여 공부할 이유는 하나도 없다. 출세하고 권력을 잡는 일은 수학보다는 사교력이 더 필요한 것이다. 물론 성공적인 출세 성공적인 권력자가 되고자 한다면 수학적 교양도 필요하다. 아둔한 사람도 대통령을 할 수는 있다. 하지만 훌륭한 대통령은 아무나 할 수 있는 것이 아니듯이 말이다.

▌통어론에서 의미론으로

그림에서 보는 것처럼 형식체계는 세계(환경)를 보면서 환경의 모습이나 대상을 형식체계가 갖고 있는 무정의 용어 즉, 기호로 코딩한다. 단 이 과정을 형식체계가 스스로 하지는 못하고 인간이 해주어야 한다.

예를 들어 컴퓨터는 타자기를 통해 입력되는 문자나 숫자 등을 컴퓨터의 무정의 용어인 비트 즉, 0과 1이라는 단지 두 개의 기호로 코딩한다. 즉, 컴퓨터 키보드라는 입력장치로 인간의 문자세계를 비트열로 바꾸어 받아들이는 것이다. 단 컴퓨터가 스스로 키보드를 눌러 자신에게 문자를 입력하지는 못하기에 인간이 키보드로 입력을 한다.

0과 1의 비트는 8비트로 하나의 바이트를 구성한다. 바이트는 아스키코드라고 하여 제어코드도 있고, 숫자나 문자를 나타내는 데이터코드도 있다. 즉, 바이트가 컴퓨터라는 형식체계의 공리라고 할 수 있다. 그리고 이런 바이트의 부울대수라는 논리적 조합으로 파일을 만들어 나간다.

파일에는 파일헤더라는 것이 있어서 0과 1의 비트열을 어느 위치에서부터 해독하며, 또 그 비트열이 실행파일인지 데이터파일인

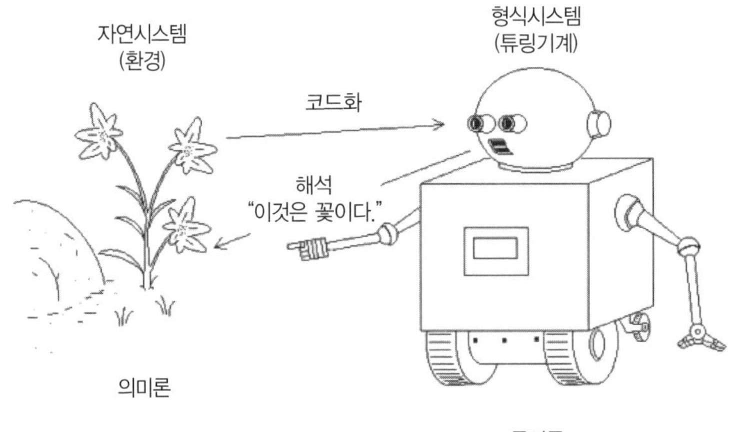

지, 데이터파일이면 그림파일인지 텍스트파일인지 규정하고 있다.

이것이 형식시스템 안에서 일어나는 기호조작이며, 이것을 언어학에서는 통어론이라고 한다. 이에 대해 의미론은 기호가 실제 세계에 대응하는 사물이나 현상이 무언인지 파악하는 것이다.

컴퓨터에는 8비트의 비트열이 어떤 문자를 의미하는지 ROM이라는 기억장치에 그 폰트를 기억하고 있으며, 그것을 사용해 화면상에 그 문자를 그려낸다. 이 폰트도 폰트디자이너라는 사람이 디자인해서 컴퓨터에 입력해준다. 즉, 순수한 형식체계만으로는 세계를 설명하는 의미론은 이루어지지 않으며, 세계의 모습을 그대로 모방한 아날로그 정보의 단위를 필요로 한다. 이렇게 해서 형식체계는 세계를 설명하는 모델로서 의미를 갖게 된다. 필자는 여기서 스스로 세계의 모습을 코딩하는 능력을 갖춘 형식체계를 의미체계라고 부르고자 한다.

이런 의미체계가 앞으로 과학자들이 개발하고자 하는 인공지능인 것이다. 즉, 인간처럼 스스로 세계의 모습을 형식체계로 번역할 수 있고, 형식체계의 추론결과를 스스로 출력해내는 능력을 가

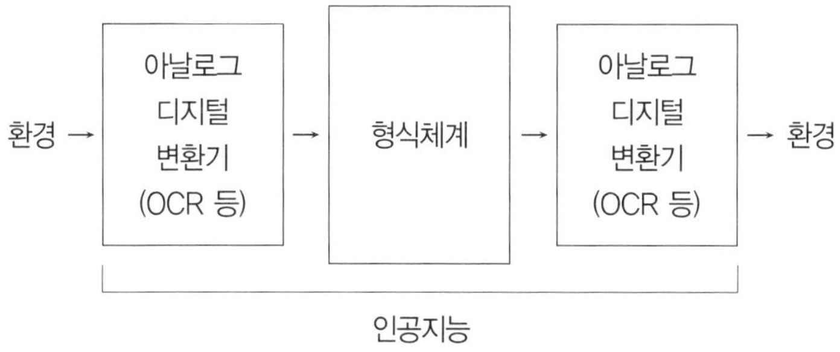

진 것이 바로 인공지능이다.

컴퓨터는 단지 비트열을 조작하고 계산하는 형식체계이지만, 인간은 문자나 기호에서 스스로 의미를 파악하는 의미체계인 것이다.

수학 자체는 형식체계이다. 하지만 수학을 학습하고 수학을 활용하는 능력을 갖추려면, 수학을 인간이 이해할 수 있도록 의미를 부여하며 배워야 한다. 유능한 수학자란 수학이라는 형식체계에 의미를 부여하여, 세계를 설명하는 모델로 파악하는 능력이 있다는 것을 의미한다.

아무리 세계적인 수학논문을 써낸다고 해도 그것으로부터 아무런 의미를 찾지 못한다면, 그저 기호의 장난에 지나지 않게 된다. 때로는 정말 세계적인 수학논문이 오랜 동안 무시를 받아온 적이 수학사를 보면 적지 않게 나타난다. 예를 들어 프랑스의 천재수학자 갈로아(Evariste Galois, 1811~1832)의 군론이라든가 볼리아이(Janos Bolyair, 1802~1860), 로바체프스키의 비유클리드 기하학 등이 그것이다. 이들 이론이 처음 발표되었을 때는 당시의 수학자들은 전혀 그 의미를 알 수 없었다. 그것은 당시의 수학자들이 그 천재 수학자의 논문으로부터 세계를 해석하는 바탕을 아직 갖추지 못했기 때문이다.

그래서 바보들이 천재를 학대한 것이다. 하지만 세월이 흘러 군론(group theory)이 방정식의 세계를 포괄적인 시각에서 대수적 구조를 파악한다는 구조주의 등장으로 주목받고 이해된다. 즉, 어떤 방정식을 사칙연산과 거듭제곱연산으로 풀기 위한 조건이 무엇인지 알기 위해서는 수집합의 대수구조를 알아야 한다는 것이다. 군은 대수학에서 가장 기본적인 대수구조가 된다.

그리고 비유클리드 기하학은 아인쉬타인의 상대성이론이 인정받고, 우주가 4차원의 시공구조이며, 그 구조는 바로 비유클리드 기하학이 묘사하는 것이라는 것을 알게 되면서, 훌륭한 수학이론으로 인정받게 된 것이다.

이처럼 형식체계에 지나지 않는 수학은 늘 세계를 향해 해석되어야 비로소 많은 사람들이 납득할 수 있게 된다. 따라서 학생들에게 수학을 가르칠 때는 이점을 간과해서는 안된다. 학생들이 처음 배우게 되는 낯선 수학기호가 자신이 현재 몸담고 있는 세계를 어떻게 표현하고, 세계는 그에 의해 어떻게 해석되는지 모른다면, 학생들은 그 낯선 기호를 자연스럽게 받아들이지 못한다. 할 수 없이 반 강제로 암기하게 되는 것이다.

처음 0이라는 수를 배우는 아이들은 0이라는 기호가 가리키는 구체적인 대상이 없다는 것에 놀란다. 이제까지의 수는 그에 대응하는 것이 분명히 존재했다. 그런데 일상의 세계 속에서 0과 대응하는 것을 찾을 수 없기에 무척이나 당황스러워한다. 그러다가 아무것도 없는 빈 상태 즉, 빈그릇, 빈집, 빈자리 등을 마음속에 그리게 되고, 그것을 표현하는 기호로서 0을 사용한다는 것을 점차로 깨닫는 것이다.

하지만 점점 고학년이 되면서 더욱 어려운 추상적인 수학기호

들을 배우게 되는데, 이때부터는 수학기호가 세상의 구체적인 것
과 대응하는 작업에 점점 어려움을 느껴 수학기호의 의미를 파악
하지 못한 채로 넘어가는 일이 계속 누적되어, 나중에는 수학적
표현법을 전혀 해독하지 못하는 지경이 되어버린다.

마치 영어단어를 암기하는 것을 게을리 한 학생이 나중에는 칠
판에 쓰인 쉬운 영어문장도 전혀 읽고 번역할 수 없는 사태가 되
어버리는 것과 같은 것이다.

▌자기만의 수학을 만들어본 적이 있는가?

우리 나라 미술수업은 교과서에 실린 명작을 감상하고 누가 무
슨 파에 속하며 어떤 화풍으로 그 작품을 그렸나 하는 것을 외우
는 것이 전부다.

그래도 초등학교 때는 그림을 그리는 실습을 많이 한다. 하지만
그림을 그리는 기법이나 초식은 여전히 가르쳐주지 않는다. 아이
들은 그저 크레용이나 물감을 가지고 자기 맘대로 낙서를 하고 장
난을 할 뿐이다. 누가 그림을 잘 그렸나 하는 평가도 주먹구구식
이다.

그림을 그리는 초식은 구도잡기 → 데생 → 세부묘사 → 색 입
히기 등으로 이것을 자상하게 가르치지 않는다. 그러니 학생들은
아무리 실습을 많이 하고 미술공부를 열심히 해도 하나도 실력이
늘지 않는다.

드넓은 하얀 도화지 위에 어떤 그림을 그릴까 어떻게 함축적으로 알기 쉽게 보기 좋게 그릴까? 우선은 구도 잡기를 해야 한다. 구도를 잡는다는 것은 누가 보아도 균형이 잡혀 보기 좋도록 하는 것이다.

도화지 전체를 2등분이나 3등분해서 자신이 표현하고자 하는 주제를 적절한 위치에 배열하고 배경을 결정하는 일이다. 그림을 감상하는 사람의 주된 시선을 염두에 두고서 구도를 잡는 것이다.

그렇게 구도 잡기가 끝나면 이제 대강의 스케치를 한다. 그리고 이 스케치의 각 부분의 세부적인 묘사에 들어간다. 다음으로 색의 배열을 정한다. 미술이론에서 배운 색의 대비 보색 등을 활용하여 표현하고자 하는 내용을 강렬하게 어필할 수 있어야 한다.

이런 기본적인 그림 그리기 초식을 수없이 연습하면서 명화는 어떤 구도로 어떻게 정밀묘사를 하고 어떤 색의 배열을 사용하는지 자신의 것과 비교해보며 반성하는 것이다.

거기서 약간의 변형으로 새로운 분위기를 찾을 수 있고 새로운 것을 창조하는 기쁨을 맛보는 것이다. 이렇게 그림을 그리는 기본적인 초식을 알아야 사물을 제대로 관찰하는 방법도 터득하게 되는 것이다.

글쓰기도 마찬가지다. 학생들은 좋은 글쓰는 법을 국어선생님으로부터 배우지 않고 있다. 막연하게 일기를 쓰고 독후감을 쓸 뿐이다. 그런 아이들은 아주 단순한 형식으로 고정된 양식의 글을 쓴다.

좋은 습관을 가르쳐주지 않으면 나쁜 습관이 정착하게 되는 것이다. 선의 길을 가르쳐주지 않으면, 악의 길을 걸어가게 된다. 어중간한 중간의 자리는 없다. 모든 존재는 그 포지션을 확보해야만 존재할 수 있기 때문이다.

기본 바탕이 마련되지 않는다면 그 누구도 창의적일 수 없다. 그저 낙서가 되거나 체력소모는 많은데 상대방에게 결정타를 먹이지 못하는 막싸움꾼이 될 뿐이다.

모든 것에는 기본 초식이 있다. 문제는 그 누구도 기본 초식을 가르쳐 주지 않는다는 점이다. 자기도 모르기 때문이다. 수학에도 기본 초식이 있다.

수학의 기본 초식을 닦아야 자기만의 수학을 창조할 수 있다. 우리는 미술대가의 작품만 감상하는 것으로 미술교육을 다 한 것처럼 여긴다. 마찬가지로 일류 수학자들의 공식만 외우고 그것을 응용해 문제를 푸는 것만으로 수학교육을 다한 것으로 여기고 있다.

일류 수학자들이 자기만의 수학을 창조할 수 있는 수학의 기본 초식을 우리는 아무도 가르쳐 주지 않는다. 수학에도 기본 초식, 품새가 있다는 것을 아는 수학 관계자는 적어도 한국에는 없다.

한국에는 외국의 수학적 성과를 그대로 번역해 소개하는 엉터리들뿐이다. 그래서 한국의 아무리 우수한 수학자라도 창의적인 자기만의 수학을 만들지 못한다.

우리 학생들이 자기만의 창의적인 그림다운 그림을 그릴 수 있는 초식을 가르쳐야 하고 막싸움이 아닌 태권도의 품새를 가르치듯이 수학의 기본적인 사고법을 가르쳐주어야 한다.

물론 수학의 기본 초식은 그림 그리기나 태권도처럼 구체적인 것도 아니고 체계화되어 있는 것도 아니다. 그래서 수학의 기본 초식을 배우는 것은 더 어려울 수 있다. 하지만 알고 보면 간단한 것이다.

▌수학의 연구대상

수학의 기본 초식을 익히기 위해서는 먼저 수학이 연구하는 대상이 무엇인지 분명히 알아두어야 한다. 물리학이나 화학 등의 과학은 우리 눈앞에 놓여있는 실재 사물을 연구대상으로 삼는다.

눈앞의 돌멩이를 주어 들고 그 무게를 재고, 그것을 얼마의 힘으로 던지면 얼마의 속도로 날아가는지 계산할 수 있고, 실제로 실험하여 그 계산치가 맞는지 확인할 수 있다.

화학도 마찬가지로 적당한 시약을 사용하여 색깔이 어떻게 변하는지 관찰함으로써 그 물질의 화학적 성질을 알 수 있다. 그래서 물리학이나 화학은 실감나고, 진실을 쉽게 확인할 수 있다.

하지만 수학이 다루는 대상은 그 어디에도 실재하지 않는다. 수는 어디에도 존재하지 않는다. 그것이 존재한다면 단지 수를 생각하는 수학자의 머릿속에 있을 뿐이다. 그것도 수를 생각하는 그 순간만 존재할 뿐이다.

기하학자들이 말하는 위치만 있고 크기가 없는 점이나 폭이 없는 직선은 그 어디에도 존재하지 않는다. 아무리 직선이 길이를 가지고 있어도 폭이 0이라면 보이지 않을 것이고, 존재하지 않는 것이다.

그럼에도 우리는 종이 위에 숫자를 쓰고, 점을 찍고, 직선을 긋는다. 물론 그것은 수학에서 말하는 수도, 점도, 직선도 아닌 그것을 임시로 종이에 표현한 것에 지나지 않는다.

이처럼 수학은 현실의 문제를 다루지 않는다. $1+1=2$라는 간단한 셈도 사실은 전혀 현실의 문제가 아니다. 사과 하나 더하기 사과 하나는 사과 둘이다.

이는 분명 현실의 문제이다. 하지만 $1+1=2$라는 것은 이런 현실과는 아무런 상관이 없는 추상의 세계, 허구의 세계, 가상 세계의 법칙이요, 셈법인 것이다.

학생들이 수학을 공부할 때 어렵고 따분한 느낌이 들기 시작하는 것은 이 때문이다. 실감나는 현실의 세계로부터 어느 때부터인가 뜬구름 잡는 식의 허구의 세계 속으로 날아가버린다.

현실에 발을 딛고 있던 학생들은 이 허구의 세계로 날아오르면서 허둥댈 수밖에 없고, 그렇게 허우적거리다가 현실의 바닥으로 쿵하고 떨어지고 만다.

수학은 왜 허구의 세계를 연구하는가? 앞에서 이야기한 것처럼 인간이란 존재가 원래 허구적인 존재, 정신적인 존재이기 때문이다. 인간은 아주 어릴 적부터 꿈을 꾸기 시작한다. 자신이 멋진 어른으로 성장하는 꿈부터 멋진 이성을 만나고 행복한 삶을 사는 꿈을 꾼다.

하지만 현실은 그렇지가 않다. 자신은 보잘 것이 없고, 가난하며, 멋진 어른으로 성장하지도 못한다. 그러니 멋진 이성을 만나는 것도 어렵다. 그렇게 현실은 냉정하고 가혹하다. 인간은 자신의 멋진 상상과 현실의 괴리를 괴로워한다.

인간은 늘 상상하지만 그 상상들은 대부분 현실과 부합하지 않는다. 그것은 상상이 잘못된 것이기 때문이다. 그래서 수학이 필요하다. 자기 멋대로 상상력을 펼치는 것이 아니다.

상상의 세계도 나름의 법칙이 있다. 상상의 세계가 마음대로 만들어지는 것이 아니라 현실의 모습을 반영할 수 있는 모습으로 상상되어야 한다.

적어도 현실을 일반화할 수 있는 세계로 가상의 세계, 상상의 세계가 이루어져야 한다. 수학은 그 허구적인 세계의 법칙을 탐구하는 학문인 것이다. 이것이 수학을 제대로 배우기 위해서 꼭 명심해 두어야 하는 비밀이다. 수학은 현실의 문제를 다루지 않고 허구의 세계를 탐구하는 학문이라는 것을….

수학자와 계산술사

전자계산기가 발명되기 전에 학생들은 어릴 적부터 수판(주판)

을 다루는 것을 배워야 했다. 그리고 더 나아가 주산학원을 다니면서 더 빠르게 수판으로 큰 수들을 계산하는 것을 연습했다.

수판을 다루는 것이 어느 정도 익숙해지면 수판이 없이 암산으로 계산할 수도 있다. 암산을 잘하는 사람들은 은행원이나 회사의 경리직원으로 쉽게 취직할 수도 있었다.

그런데 전자계산기가 발명되고 더구나 컴퓨터까지 등장하면서 수판은 우리 주변에서 사라졌고, 주산학원들도 하나, 둘 문을 닫았다. 그리고 계산을 잘하는 것만으로는 이제 은행원으로 쉽게 취직할 수도 없게 되었다.

세상은 이렇게 변하는데도 여전히 변하지 않는 것이 있다. 그것은 수학으로 바라보는 우리의 눈이다. 우리는 여전히 수학하면 그것은 계산술이라는 고정관념을 가지고 있다.

수판알을 튕기면서 구체적인 수를 계산하는 것은 아니지만 여전히 수학책에 나오는 문자식이나 방정식 등을 계산하는 것이 수학이라고 여기며, 그런 문제들을 잘 풀어야 수학을 잘하는 것이라는 생각이 깊이 박혀 있다.

하지만 수학문제를 잘 풀지도 못하고, 간단한 계산도 잘 못하지만 세계적으로 위대한 수학자로 칭송받는 수학자들이 외국에 있다는 것을 아는 학생들은 거의 없을 것이다. 계산도 잘 못하는데 위대한 수학자라니? 그렇다 수학을 잘하는 것과 계산능력은 그다지 상관이 없는 것이다.

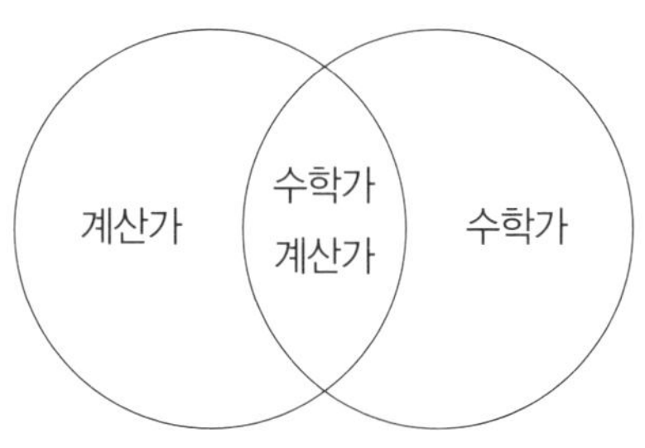

즉, 계산은 잘하지만 수학은 전혀 못하는 사람이 있을 수 있고, 계산은 못하지만 수학은 잘하는 사람도 있다. 그리고 가장 바람직하게 계산도 컴퓨터처럼 잘하고 수학도 잘하는 사람이 있다.

앞에서 말한 것처럼 수학은 모든 가능성을 탐구하며 그런 가능성 속에서 일정한 패턴이나 구조를 추상해내는 것이다. 그런 능력이 바로 수학적 사고력이라고 할 수 있다. 이런 능력은 계산능력 즉, 기호조작 능력과는 독립된 능력이다.

기호조작 능력 즉, 계산술은 뛰어난 단기기억력과 빠른 처리능력에 의해 좌우된다고 본다. 하지만 수학적 사고력은 근원을 추구하는 집요하고 끈질긴 진리에 대한 애정과 열정에 의해 키워진다. 때문에 이 두 가지 다른 능력과 습관 관점은 늘 일치하지는 않는다.

따라서 자신이 계산술이 뒤떨어진다고 수학을 못한다고 포기할 필요는 없다. 수학적 개념, 의미들을 잘 이해하는 것만으로도 뒤떨어지는 계산술을 얼마든지 보완하여 수학을 잘하며, 좋은 성적을 올릴 수 있다.

수학에 자심감을 갖는 방법은 계산능력을 키우는 것이 아니라 수학적 개념들을 확실히 올바르게 이해하도록 노력하는 일이다.

이 책에서는 수학책에 나오는 수학적 개념들과 기호의 의미와 개념들을 그 역사적인 발전과정과 함께 쉽게 소개할 생각이다.

이것이 생각처럼 쉬운 일은 아니지만, 그래도 누군가 언젠가는 그런 시도를 해야 한다고 생각하며 이 책을 쓴다. 특히 한국사회처럼 수학＝계산술이라고 생각하는 곳에서는 더욱 필요한 책이라고 생각하기 때문이다.

수학에 자신감을 갖는 방법

학생들은 어떤 수학문제라도 풀 수 있다면 수학에 자신감이 생길 거라고 생각한다. 그래서 많은 수학문제를 풀기 위해 열심히 문제집을 사서 수학문제풀이로 새벽까지 공부하는 학생도 있다.

하지만 이것은 잘못된 생각이다. 아무리 천재적인 학생일지라도 수학의 모든 문제를 풀어낼 수는 없다. 수학문제를 푼다는 것은 그 문제에 대한 특별한 풀이법을 안다는 것일 뿐 일반적인 해법을 알아낸 것은 아니기 때문이다. 모든 문제를 해결할 능력은 일반적인 해법을 이해하는 것이다.

일반적인 해법을 터득하기 위해서는 구체적인 문제풀이는 되도록 하지 않는 것이 좋다. 군대의 장군은 전쟁에 이기기 위한 전략적인 작전을 생각해내야 한다.

하지만 그 장군이 일선에서 직접 적을 맞아 싸우면서 그런 작전을 생각해내는 것은 거의 어렵다. 장군은 조용하고 안전한 후방에서 전쟁의 전체 모습을 관망할 수 있는 여유가 있어야 한다. 그래야 그런 작전 구상이 떠오른다.

수학도 마찬가지로 일일이 구체적인 문제를 풀다가는 수학의 일반적인 법칙성은 쉽게 깨닫지 못한다. 문제풀이를 하지 않고 쉬고 있는 머리가 여유를 가지고 있을 때 수학의 일반적인 법칙성을 깨달을 수 있는 것이다.

군대에서는 장교와 병사는 엄격히 구분된다. 장교는 명령하는 사람이고 병사는 명령을 수행하는 사람이다. 장교가 병사의 역할을 할 수도 있지만, 병사는 결코 장교의 역할을 할 수 없다.

유럽에서는 어릴 적부터 장교나 장군이 되기 위한 훈련을 받는다. 어릴 적부터 장교나 장군의 마인드 정신, 영혼을 갖추게 해주기 위해서이다. 한번 병사인 사람이 장교나 장군이 되기는 쉽지 않다.

고생스러운 병사생활을 하면서 승진하여 장교가 되고 장군이 된 사람은 자신이 병사시절 고생하던 화풀이를 누군가에게 하려고 든다. 가슴속에 맺힌 한풀이를 하지 않고서는 위엄 있고 품위 있는 장군의 직책을 다하지 못한다.

유럽 등의 선진국에서 장군의 자리에 오르기가 어려운 이유가 여기에 있다. 웬만한 능력과 인격을 갖추지 않고서는 별을 달기 어렵다. 수많은 장교들이 별을 달기 위해 공식적인 시험과 비공식적인 시험을 통과해야 한다.

대부분의 사람들이 공식적인 시험은 통과하고 그 능력도 인정받지만, 비공식적인 테스트에서 알게 모르게 심사받고 승진대상에서 제외되고 있다는 것은 모른다.

3장

두뇌와 수학

과학적인 방법으로 하는 수학공부

《수학공부 많이 하지 말라》는 책도 나와있는데, 그저 열심히 수학공부를 많이 한다고 해서 좋은 것이 아니다. 다른 과목과 달리 수학은 특히 그런 성격이 강하다. 노력을 많이 한다고 그에 비례하여 수학실력이 좋아지지는 않는다.

먼저 우리의 두뇌구조와 기능이 어떻게 생겼는지 알고서 그에 맞게 보다 능률적으로 수학공부를 하는 방법을 알아낸다면 좋을 것이다.

우리 두뇌가 도대체 어떻게 학습을 하고 기억하는지 그 방법과 한계점을 안다면, 억지로 많은 수학공부를 할 필요가 없다. 그래봐야 소용이 없기 때문이다.

최고의 학습능률을 올릴 수 있는 과학적인 방법으로 공부한다면 조금만 공부해도 효과가 뛰어나고, 공부가 쉬워지며, 효율적이 된다. 학습을 한다는 것은 무엇인가를 터득하여 그것을 기억한다는 의미이다.

그래서 필요할 때 다시 기억해내어 학습이 이루어지기 전보다 보다 잘 대응할 수 있게 된다. 군인이나 격투가가 평소에 싸움의 기술을 연습하는 것은 적을 맞아 싸움에 임할 때 당황하지 않고, 몸에 기억된 동작을 바로 실행할 수 있게 하기 위함이다.

수학공부도 마찬가지다. 수학을 학습한다는 것은 수학기호나 공식을 기억하여 문제를 푸는데 적용하는 것이다. 하지만 수학기호나 공식은 잘 암기되지 않는다.

아무리 열심히 외워도 몇일도 지나지 않아 새까맣게 까먹어버린다. 설사 겨우 외웠다해도 외워야 할 기호의 수가 늘어나면 이제 혼동이 오기 시작한다. 어떻게 하면 수학기호나 공식을 혼동하지 않고 잘 암기할 수 있을까?

물론 암기하는데 그쳐서는 안된다. 암기된 것을 잘 활용할 수도 있어야 한다. 그렇게 하기 위한 뇌신경학을 바탕으로 과학적인 방법을 알아보자는 것이다.

뇌가 정보를 저장하는 메커니즘을 이해하고 그에 걸맞는 학습법으로 공부를 한다면 매우 능률적인 학습이 될 것이라는 것은 당연한 이야기다.

우선 뇌는 깨어있는 동안 엄청난 양의 정보를 받아들이고 있다. 우리가 알게 모르게 뇌는 온몸의 감각기관으로부터 무수히 많은 양의 정보를 입력받고 그것들을 처리해야 한다.

만일 뇌가 이런 정보를 모두 기억하고 있어야 한다면 어떻게 될까? 뇌는 바로 그 용량이 다 차버릴 것이다. 그래서 뇌는 아주 중요한 정보를 제외하고는 모두 바로바로 잊어버린다. 뇌는 컴퓨터와 달리 사사로운 정보들은 모두 지워버린다.

뇌가 무언가를 잘 기억하지 못하는 이유는 뇌가 컴퓨터와 달리 기억보다는 망각하는 능력을 더욱 잘 발달시켜왔기 때문이다. 뇌는 계속해서 새로운 정보들을 받아들여야 하는데, 만일 기존의 정보들이 지워지지 않는다면 뇌는 새로운 일을 할 수 없게 된다.

그래서 뇌는 기존의 정보들을 모두 지우고 늘 깨끗하게 유지한다. 뇌가 반드시 기억하는 정보는 매우 중요한 극소수의 정보뿐이다. 즉, 뇌는 우리가 생존하는데 꼭 필요한 정보들만 선택적으로 기억하도록 되어 있다.

보통 영어단어나 수학기호 등은 잘 외워지지 않는다. 그것은 그런 정보들이 당장의 생존에 꼭 필요한 정보가 아니기 때문이다. 하지만 전쟁시에 다급한 상황에서 복잡한 무전기 조작법을 알아야 살아남는다면 누구라도 그 조작법을 쉽게 익히게 된다. 즉, 수학공부를 할 때는 마치 목숨이 걸린 일처럼 진지하게 집중한다면 매우 효과적으로 학습이 이루어진다. 일생 자신의 모든 것을 받쳐서 해야 할 일이라고 생각하고 달려든다면 못해낼 일이 없는 것이다.

▌망각곡선과 수능시험

독일의 심리학자인 에빙하우스(H. Ebbinghaus, 1850~1909)는 1884년 심리학의 실험 주제로써 기억을 다룬 최초의 과학자이다.

에빙하우스

그는 자신을 피험자로 해서 수천 회의 반복실험을 해보았다. 우선 기억을 쉽게 하는 경험효과를 배제하기 위해 자음, 모음, 자음의 3문자로 이루어진 무의미한 철자를 고안했다. 즉, RUP, GOX, PIM 등으로 그의 모국어인 독일어에는 존재하지 않는 단어들이다. 이것들을 외우고 이것을 얼마나 오랫동안 기억하고 있는지 조사했다. 에빙하우스 최대 공적은 기억이라는 두뇌 속의 복잡한 현상을 처음으로 수량적으로 계측했다는 것이다.

이렇게 에빙하우스가 16년에 걸쳐 인간 자신의 망각실험을 해서 얻은 망각곡선을 보면, 인간의 기억력은 형편없다는 것을 알 수 있다. 즉, 인간은 기억한 것의 절반을 불과 1시간 내에 새까맣게 잊어버리고, 하루동안에는 70%, 그리고 1개월이 지나면 약 80% 잊어버린다. 즉, 우리가 아무리 열심히 공부하여 암기하여도 한달 후면 대부분을 잊어버린다. 때문에 지금 열심히 공부해도 몇 개월 후에 있는 중간고사 등의 시험성적이 좋게 나올리가 없다.

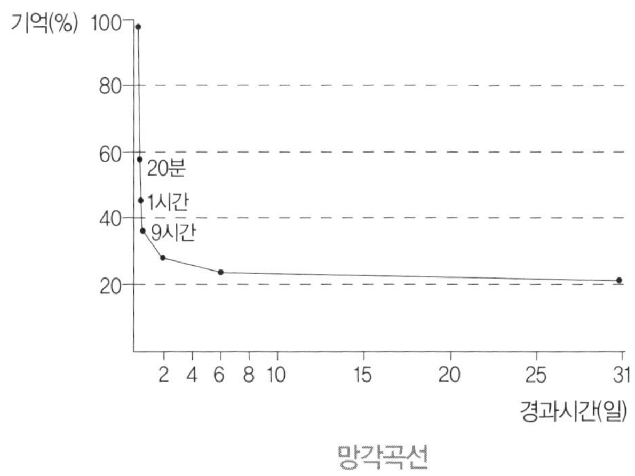

망각곡선

그래서 대부분의 학생들은 시험 전날 밤을 세워가며, 벼락치기 공부를 하는지도 모르겠다. 하지만 이것도 소수의 교과목인 경우에는 가능하지만 전과목의 시험을 하루만에 치러야 하는 수능시험에는 벼락치기 공부가 결코 통하지 않는다. 즉, 두뇌과학의 입장에서 본다면, 수능시험을 준비하기 위해서는 다른 대책이 필요하다는 이야기다. 에빙하우스의 실험을 잘 살펴보면, 무의미한 문자나 기호들을 기억시키고, 그 기억들이 시간의 경과와 함께 어떻게 변화하는가를 연구한 것이다.

단순한 기호나 문자는 이렇게 쉽게 망각되어버린다. 대신에 이미지나 의미와 연결된 기호는 어떨까? 많은 사람들이 경험한 것처럼 강렬한 이미지는 쉽게 잊혀지지 않는다.

어릴수록 강렬한 인상은 매우 오래 남으며, 때로는 평생을 가기도 한다. 때문에 학습에서도 이 방법을 사용하면 좋은 효과를 얻을 수 있다.

우리는 짧은 시간에 많은 학습내용을 익혀야 한다는 강박관념 때문에 교과서의 문장이나 연표, 공식 등의 단순한 기호를 외우는 데 많은 시간을 할애하고 있다.

하지만 그것은 대부분 무의미한 기호이기 때문에 잘 외워지지 않는다. 외워야 할 내용이 있다면, 그것을 단순한 기호가 아닌 그 기호와 관련된 이미지나 의미 등 아날로그 정보와 함께 관련지어 외우면 훨씬 효과적이다.

예를 들어 중요한 학자나 인물의 이름을 외울 때, 그 사람의 이름만 외우면 금방 잊어버린다. 하지만 그 인물의 사진을 구해서 사진을 보면서 이름을 외운다면 상당히 오래도록 그 인물의 이름이 기억된다.

앞에 나온 독일의 심리학자 에빙하우스라는 이름은 외국인의 이름으로 잘 외워지지 않는다. 하지만 에빙하우스의 생김새를 보면서 이름을 외우면 1년이 지난 후에도 에빙하우스를 기억해낼 수 있다.

이처럼 우리 뇌에서 정보를 저장하는 방법은 컴퓨터처럼 단순한 기호를 저장하는 것이 아니다. 인간의 두뇌는 이미지, 촉각, 냄새 등 아날로그 정보가 마치 뿌리처럼 감각기관과 육체적 느낌에 관련됨으로써 거의 영구적으로 정보를 저장하는 것이다.

따라서 단순한 이름이나 기호를 외우는 것보다는 그 이름과 관련된 사진이나 의미 등을 알아내어 연관지어서 외운다면 거의 영구적으로 기억되어버린다.

수능시험은 이렇게 평소에 암기해야 할 내용에 대한 사진정보나 의미정보를 찾아내어 정리하는 것으로 대비하면 매우 좋은 성적을 거둘 수 있다. 특히 수학의 기호는 그 의미를 깊이 알아가면서 암기해야 한다. 의미를 알고 기억한 것은 활용능력도 생기기 때문이다.

인간의 기억에는 시간적으로 크게 두 가지 종류가 있다. 단기기억과 장기기억이 그것이다. 에빙하우스의 망각곡선은 장기기억에 대한 곡선이다.

단기기억과 장기기억

제임스

1890년 미국의 심리학자이자 철학자인 하버드 대학의 제임스(William James, 1842~1910)는 기억에는 두 가지 서로 다른 종류가 있다고 생각했다.

그는 의식 속에 살아있는 기억을 1차기억(primary memory)이라 하고, 의식 속에 떠오르지 않은 기억을 2차기억

(secondary memory)이라고 불렀다.

한편 인간의 기억에 대해 대뇌생리학적 연구를 처음으로 시작한 사람은 캐나다 맥길 대학의 심리학자 헵(Donald O. Hebb, 1904~1985)이다. 헵은 두뇌에서 기억이 신경의 시냅스의 변화를 일으켜 형성되는 것이 아닐까 하고 추정했다.

1차 기억과 2차 기억은 기억의 시간에 의해 각기 단기기억(15초)과 장기기억(수분 이상)이라는 용어로 바뀌었다. 단기기억은 나중에 작업기억이라는 용어로 바뀌며 개념도 달라지게 된다.

이러한 인간의 기억구조를 컴퓨터에 비유하자면 단기기억은 CPU가 바로 정보를 불러올 수 있는 주기억장치에 해당하고, 장기기억은 영구적으로 정보를 보존하는 하드디스크에 해당한다.

단기기억은 인간이 현재의 의식적인 생각을 할 수 있는 바탕이다. 대뇌의 전두엽이 단기기억을 담당하고, 측두엽이 장기기억을 담당하는 부위로 조사되었다.

단기기억은 신경세포의 이온채널의 변화에 의한 흥분상태로 유지된다. 반면 장기기억에는 단백질 합성이 필요하다. 크렙(CREB)이라는 유전자가 만든 단백질이 신경세포의 시냅스 결합을 강화시켜 장기기억을 형성하는 것으로 밝혀졌다.

단기기억의 용량은 작은데 7±2청크(chunk)라고 한다. 어떤 정보를 의미 단위로 만들어 이해하는 것을 청킹(chunking)이라고 한다. 미국의 사회학자, 경영학자인 사이먼(H. A. Simon, 1916~2001)은 청크란 용어를 처음 사용했다.

컴퓨터 CPU의 16비트 레지스터를 의미단위로서 한 항목의 용량으로 본다면, 인간의 단기기억은 평균 7개 16비트 레지스터를 갖고 있다고 볼 수 있다. 천재는 9개, 느린 바보는 5개 수준이라고 말할 수도 있겠다.

인간의 학습과정은 이 단기기억에서 시작하여 장기기억으로 옮겨가는 과정인 것이다. 따라서 효율적인 학습방법은 자신의 단기기억 용량 7 ± 2청크에 맞추어 학습내용과 분량을 적절하게 분할하는 것부터 시작해야 한다.

무턱대고 많은 양의 학습내용을 오랜 시간 붙잡고 열심히 한다고 해서 학습이 이루어지는 것은 아니라는 것은 학생들 스스로의 경험으로도 잘 알 것이다.

하지만 학부모님들 욕심은 학생이 장시간 책상에 진득하니 앉아서 꾸준히 공부하고 있기를 바란다. 하지만 혈기왕성한 학생들에게 그것은 고문과 다름없는 고통일 뿐이다.

또한 장기기억은 주로 의미를 간직하려는 경향이 있다. 때문에 의미가 부여되지 않은 것은 장기기억으로 잘 넘어가지 않으며 넘어가더라도 쉽게 망각되고, 잘 회상되지도 않는다.

기억은 그림에서 보는 것처럼 입력(부호화), 저장(셰마에 고착), 상기(작업기억으로 인출)의 3단계로 이루어진다. 이 3단계의 어느 하나라도 이루어지지 않으면 기억은 성립되지 않는다.

이렇게 우리는 인간의 두뇌가 학습(장기기억화)하는 과정에 대해 알아보았다. 우리가 의미수학을 강조하는 이유는 바로 이것이

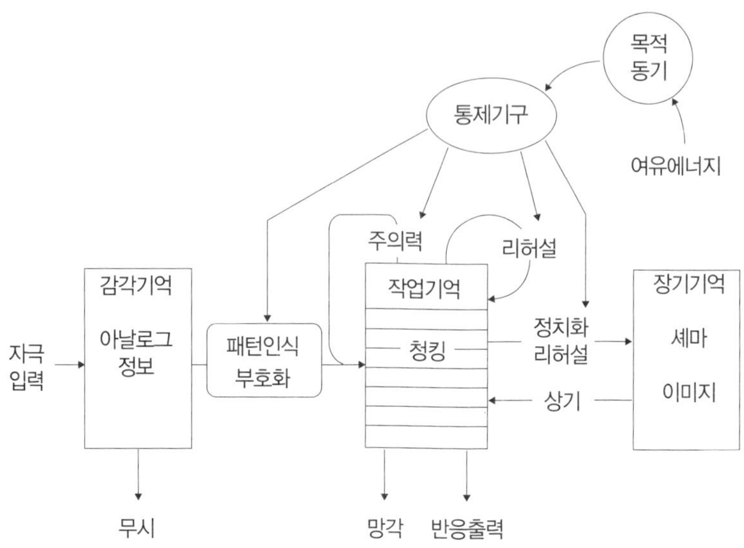

다. 인간의 두뇌가 의미가 부여된 것만을 장기적으로 기억하려는 경향이 있다는 점이다.

기억의 발달과정

1972년 캐나다 심리학자 털빙(Endel Tulving, 1927~)은 장기기억을 그 내용에 따라 다음과 같이 언어로 진술할 수 있는 진술기억과 언어로 표현할 수 없는 절차기억으로 크게 나누었다.

진술기억은 다시 시간, 공간, 감정 등과 밀접한 관련을 가진 즉, 지극히 개인적인 일화기억과 시간이나, 공간과 상관없는 사실이나, 일반적인 지식 등을 기억하는 의미기억으로 구분된다.

털빙

　　의미기억의 예는 교과서의 내용을 암기하는 것이다. 일화기억
은 일기장의 내용이라고 말할 수 있다. 절차기억, 의미기억, 일화
기억은 다음 그림처럼 계층성을 가지고 있으며, 이는 인간의 성장
과 관련된다.

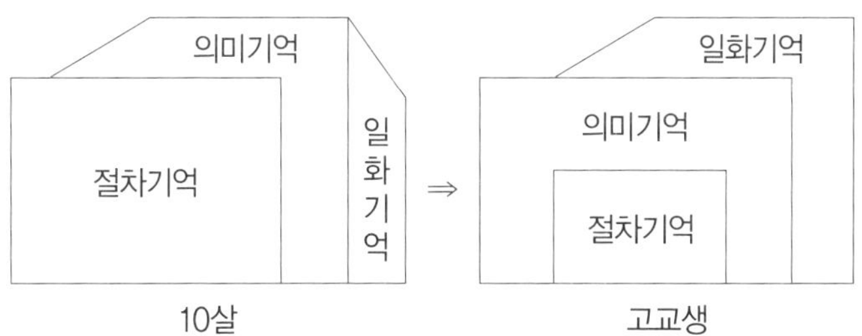

　　절차기억은 가장 원시적인 기억으로서 생존에 꼭 필요한 내용들
을 무의식적으로 기억하는 것이다. 젓가락질, 옷 입는 법, 수영하는
법, 자전거 타기 등은 아무리 말로 설명해주어도 배울 수 없다.

직접 몸으로 체험하며 익히는 절차기억력에 의해 익히는 것이기 때문이다. 절차기억력은 아주 어린 나이에 가장 왕성하며, 점점 나이가 들수록 약해진다. 그래서 나이든 어른들은 수영이나 자전거 타기를 아이들보다 쉽게 배우지 못하게 된다.

동물은 태어나자마자 몸의 균형을 잡아 일어서고, 걷고, 달릴 수도 있다. 즉, 이렇게 몸을 움직이는 방법에 대한 절차기억을 가지고 태어나기 때문이다.

반면 인간의 갓난애는 1년간이나 목을 가누고, 엎드리고, 기고, 앉고, 서고, 걷고, 달리는 순서로 절차기억을 발달시켜간다. 그리고 그 다음에는 의미기억력이 발달한다. 즉, 아이는 끊임없이 이것은 뭐야? 저것은 뭐야 하고 의미학습을 시작한다.

이것이 10세 정도면 대강 끝나고, 그때부터 서서히 일화기억력이 나타난다. 이렇게 기억의 계층성은 아이가 성장하는 것에 맞추어서 그대로 나타난다. 중학생이 될 때 의미기억력이 최대가 되고, 그 이후로는 일화기억이 더 우세하게 된다.

일화기억력이 나타나면 이제 현상을 전체적으로 파악하는 안목이 생기며, 사태의 의미를 파악하는 능력이 갖추어진다. 이것이 기자들이 기사를 작성하는 능력의 바탕이 되며, 연구원이 보고서를 작성하는 능력이 된다. 즉, 논술능력은 일화기억력에 근거하는 것이다.

우리가 어릴 적 일을 잘 기억하지 못하는 이유는 어릴 적에 아직 일화기억이 형성되지 않기 때문이다. 어린아이들은 자신이 경험한 것을 육하원칙에 맞게 차근차근 조리있게 설명하지 못한다. 이는 아직 일화기억력이 없기 때문이다.

이제 반대로 노인이 되어 늙어 가면 가장 먼저 감퇴되기 시작하는 기억력은 일화기억력이다. 흔히 건망증이라는 증세로 자신이 방금 전에 무엇을 하였는지, 무엇을 하려고 했는지 깜빡하는 증세가 나타나기 시작한다.

일화기억력의 쇠퇴인 것이다. 기억력의 감퇴는 점점 진행되어 의미기억력의 쇠퇴도 나타난다. 위대한 수학자 힐베르트도 말년에는 아무런 수학적 지식도 기억하지 못했다.

하지만 죽기 직전까지도 없어지지 않는 기억은 절차기억의 내용들이다. 이것은 생존과 직결된 것들인 까닭에 가장 오랫동안 보존되는 모양이다.

▌기억력의 변화와 학습방법의 변화

성장과 함께 기억력이 변화한다. 때문에 기억력의 변화에 맞추어 학습방법도 변화해야 한다. 하지만 한번 습관으로 굳어진 학습방법을 고집함으로써 새로운 기억력에 적응하지 못해 학습능률이 떨어지게 된다.

의미기억력만 있었던 어린 시절에는 이해되지 않는 것도 그냥 암기해버릴 수 있다. 3살 어린이가 어른들의 노래를 잘 따라 부를 수 있는 것도 이 때문이다. 하지만 점점 나이가 들수록 이제 이해되지 않는 것, 단순하고 단편적인 지식들은 잘 암기되지 않는다.

일화기억력이 발달하기 시작하면, 논리적인 이해력이 더 중요해진다. 일화기억력은 이미 알고 있는 의미기억의 지식들을 조합함으로써 일종의 스토리나 체계를 형성하여 기억하기 때문이다.

대개 고교생이 되면서 일화기억력이 발달하기 시작한다. 때문에 이때부터는 단편적인 지식 암기보다는 의미중심, 이해중심의 학습방법이 더 중요해지기 시작한다.

이때 절차기억력을 활용하는 것도 중요하다. 예를 들어 단순하게 수학공식을 암기하는 것보다는 그 수학공식을 자신이 알고 있는 간단한 사칙연산만으로 어떻게 유도하는지 그 절차를 기억하는 것이 보다 효율적이다.

공부도 때가 있다고 말하는데, 그것은 의미기억력이 왕성한 소년시절에 많은 지식을 공부해두라는 이야기다. 그리고 이제 의미기억력이 떨어지기 시작하는 고교생시절부터는 절차기억력과 일화기억력의 상호협력으로 매우 효율적인 학습을 해낼 수 있다.

절차기억은 무의식 깊은 곳에 뿌리를 내리기 때문에 잊어먹지 않으며, 일화기억은 다양한 감각정보와 경험을 바탕으로 하여 이루어지기 때문에 쉽게 연상된다. 나이 지긋하신 어르신들도 절차기억력과 일화기억력으로 얼마든지 평생학습이 가능한 것이다.

이 연세의 어른들은 새로운 단어나 용어들을 암기하는 것은 쉽지 않지만, 알고 있는 지식들을 연계하여 새로운 관점에서 통찰력을 발휘하는 일은 누구보다도 잘하실 수 있다. 그래서 예부터 나이든 어른의 지혜를 귀하게 여겼다.

▌인류역사와 기억력

절차기억은 인류가 아직 언어를 획득하지 못했을 때, 생존에 필요한 기술 등을 익히는 기억력인 셈이다. 언어를 획득하게 되면서 이제 인류는 언어로 표현되는 지식을 기억하는 단계로 나아간다.

인류의 역사도 이 기억력의 발달과정과 유사한 과정을 겪었다. 즉, 처음에는 절차기억에 의존하는 숙련공에 의존하는 수공업사회에서 대량생산기계의 등장으로 절차기억에 의존하는 숙련공보다는 기계를 다루는 지식을 학습하는 의미기억력에 의존하는 단순 노동자나 사무원을 고용하는 공업사회가 된다.

그리고 이제 인터넷 UCC 등으로 대표되는 일화기억력을 사용하는 정보화사회가 되었다. 절차기억에 대한 동양인의 관점을 보여주는 다음과 같은 일화가 있다.

> '환공(桓公)이 성인의 경전을 읽고 있는데, 수레바퀴를 만드는 노인이 그것을 보고 임금께서는 옛 성인의 찌꺼기를 읽고 있다고 핀잔을 준다.
> 그러자 임금은 화를 내며 이치에 맞게 설명하지 못하면 나를 능멸

하였으니 죽음을 내리겠다고 한다. 그러자 그 노인은 내가 수레바퀴를 만들 때 칼질을 빨리 하면 힘은 덜 들어도 바퀴가 둥글게 되지 않고, 칼질을 천천히 하면 매우 힘들지만 둥글게 바퀴를 만들 수 있다. 따라서 바퀴를 만드는 가장 좋은 기술은 칼질을 적당한 속도로 하는 것이다.

그러나 자식에게 이 미묘한 칼질의 속도를 아무리 설명해 주어도 이해를 하지 못하여 바퀴 만드는 기술을 전수해 줄 수 없다는 것이다.

이렇게 바퀴 만드는 하찮은 기술도 자식에게 전수하기가 어려운데, 하물며 성인의 깊은 깨달음을 책자에 적은 몇 자의 글귀로 전해 받을 수 있다는 것은 난센스라는 이야기다.'

이 이야기에서 보듯이 노인이 말하는 수레바퀴 깎는 기술은 절차기억력으로 체득하는 것이다. 때문에 말로는 아무리 설명해 주어도 전수해 줄 수 없다.

동양사회가 침체된 이유는 절차기억에만 의존하는 수공업의 전근대사회에서 의미기억을 사용하는 사회로 나아가지 못한 까닭이다. 중국의 문자인 한자는 매우 어려운 문자여서 그것을 익히는데 많은 시간이 걸리고, 대중화되지 못한 때문이다.

서양인이 산업혁명에 성공한 이유는 숙련공이 가진 절차기억의 지식을 쉬운 언어로 표현하려고 노력함으로써 누구나 숙련공의 기술을 쉽게 익히고, 더구나 그것을 기계화, 자동화하였다.

오늘날도 서양인은 모든 기술적 내용을 문서화하는 작업에 게으르지 않다. 그래서 기술자가 회사를 떠나도 기술 자체는 회사에

남는다.

우리는 고려청자, 금속활자 등의 우수한 문화를 가진 민족이었다. 하지만 우리도 그런 숙련공의 기술을 문자화, 문서화하지 못해 그 뛰어난 기술을 모두 역사 속에 잊어버렸다.

이에 대해 서양인은 의미기억을 중시하는 문자의 힘을 충분히 활용하였다. 서양인은 언어로 표현할 수 없는 것이나, 전할 수 없는 지식은 지식이라고 말할 수도 없다는 것이다.

우리 집에 금송아지가 있다고 아무리 자랑한들 실제로 금송아지를 보여주지 못한다면 의미가 없듯이, 남에게 설명하여 납득시킬 수 없는 기술이나 깨달음은 그 가치를 인정해 주지 않는 풍토가 서양인들에게는 있다.

서양인도 숙련된 기술을 알고 있었다. 그래서 그들은 어릴 적부터 도제식으로 기술을 전수하는 체제를 가지고 있었다. 그런 식으로 기술을 전수하다가 그것을 문자화해서 후계자가 없어도 기술을 계승, 발전시키도록 노력한 것이다.

다음은 캐나다 토론토대학 과학기술사 홍성욱 교수의 〈한겨레신문〉 칼럼의 일부이다.

18세기 후반에 태평양의 해안을 수십 년 탐사하고 그 지도를 만들어 돌아가던 프랑스 지리학자가 한 중국 어부를 만났는데, 이 어부가 자신이 아는 만큼 정확하게 해안선을 그리더라는 이야기가 있다.
서양 과학이라는 것이 동양의 무명 어부의 지식과 별반 다를 바

없다는 식으로 해석될 수 있는 이 일화를 과학·사회학자 라투르는 달리 해석한다.

지도는 중국에서 프랑스로 옮겨간 뒤 인쇄를 해서 나중에 프랑스함대가 중국을 침략할 때 쓸 수 있지만, 어부 머릿속에 든 지도는 그 어부밖에 모르는, 곧 모래사장에 한번 쓰여졌다 사라지는 지식이라는 것이다.

홍교수는 인간의 머리와 몸에서 분리되지 않은 지식을 암묵적(tacit) 지식이라 하고 분리되어 활자화된 지식을 고정된(codified) 지식이라고 설명하고 있다.

동양인이 암묵적 지식(절차기억)에 연연한데 반해, 서양인은 고정된 지식(의미기억)을 선호한 셈이다. 서양인은 새로운 개념을 창안하고 그것을 간단한 기호로 표현하는데 골몰했다. 서양의 과학이 오늘날 기호 투성이가 된 것은 이 때문이다. 기호를 이용해 고정된 지식을 만들어낸다.

이렇게 동양과 서양인이 지식을 얻는 방법이나 그 표현법, 지식의 성질에 대해 상반된 견해를 갖고 있다. 동양인은 지식을 오랜 수행을 통해 한순간의 직관으로 깨달음으로써 얻는다. 즉, 동양인은 지식을 아날로그 정보로서 얻고 있고, 때문에 동양인의 지식은 그림(한자 표의문자)으로 대표되며, 서정적인 것이고, 동양의 시가 한때의 감정을 표현하는 서정적인 시가 많은 것도 이 때문이다.

이제 우리 동양사회 특히 한국사회가 선진국으로 나아가기 위해서는 우리의 기능과 지혜를 문서화하여 널리 읽히고, 오래 보존하도록 하는 노력이 절실히 필요하다고 생각된다. 우리는 아직도 절차기억력에만 의존하는 원시적인 방법에서 벗어나지 못하고 있다.

문서로서 서로 의견을 교환할 수 있는 의미기억력의 사회, 일화기억력의 사회로 나아가야 한다. 필자는 인터넷 게시판, 댓글 시대가 그것을 가능하게 할 수 있다고 여긴다. 그러기 위해서는 감정적인 악성 댓글을 지양하고, 설득력있는 논리적인 게시판 사용과 댓글문화를 모두가 정착시켜나가야 한다.

맛을 그리는 능력

인기리에 방영되었던 〈MBC〉 드라마 ‘대장금’에서 한상궁은, 미각을 잃은 장금(徐長今)이에게는 대신 맛을 그리는 능력이 있다고 말한다. 그러자 최상궁 등은 맛을 그리는 능력이라니? 하며 의아해 한다.

시청자들도 맛을 그리다니 어떻게 맛을 그린단 말인가! 하고 의해하는 사람이 적지 않았을 것이다. 눈으로 보는 것을 그림으로 그리는 것은 가능하다. 하지만 맛을 그린다는 것은 냄새나 소리도 그림으로 표현한다는 것처럼 이상한 말이 된다.

그런데 어떻게 맛을 그린다는 말일까? 이것은 바로 인간에게는 상상력이 있기에 가능한 것이다. 인간은 상상력의 동물로 눈앞에 구체적인 대상이 없어도 그것을 머릿속에서 상상할 수 있다.

장금이가 맛을 그린다는 것은 구체적으로 음식들의 맛을 보지 않고도 그 음식들이나 양념 등을 머릿속에서 상상하는 것만으로도, 그 맛의 조화를 느낄 수 있다는 것이다.

예를 들어 소금을 상상한다면, 그 짠맛이 머릿속에서 느껴질 것이다. 그리고 참깨를 머릿속에 떠올리면, 고소한 맛이 상상이 된다.

그리고 이 두 맛을 머릿속에서 뒤섞으면, 짭짤하면서도 고소한 깨소금 맛이 머릿속에서 그려지는 것이다. 이것이 바로 직접 음식을 눈앞에서 보지 않으며, 맛보지 않고도 머릿속으로 맛을 그리는 능력이다.

이 능력이란 다름 아닌 기억력이다. 장금이는 무척 총명한 아이로 다른 아이들보다 기억력이 뛰어났던 것이다. 장금이의 머리에는 각 음식에 대한 맛의 수많은 질자가 이미 머릿속에 뚜렷하게 기억되어 있다(질자라는 용어에 대해서는 뒤에서 자세히 설명한다).

그래서 음식을 보거나 직접 맛을 보지 않고도 머릿속에 기억된 맛의 감각적 질자만을 떠올려 맛들을 조합, 새로운 맛을 창조하는 맛을 그리는 능력을 발휘할 수 있는 것이다. 이것은 일종의 절차기억이다. 요리의 방법을 절차기억으로서 기억하고 있는 것이다.

명인은 어릴 적부터 절차기억력으로 요리나 음악, 바둑, 수학, 피겨스케이팅 등을 익힘으로써 탄생하는 것이다. 또한 다양하고 풍부한 상상력도 중요하다.

때문에 우리는 상상력, 공상력이 풍부한 아이들이 만화책 등을 즐겨보는 것을 걱정할 이유가 하나도 없다. 어른들은 만화책을 좋아하지 않는데, 그만큼 아이들보다 상상력이 뒤떨어지기 때문이다.

보다 정확히 말하면 상상의 세계가 실제세계라는 착각에 빠지지 않기에 어른들은 가상의 세계를 묘사한 만화를 싫어한다. 하지만 아이들은 상상이 마치 현실인양 매우 진지해지며, 쉽게 상상의 세계에 사로잡히는 것이다.

음악의 신동 모차르트(Wolfgang Amadeus Mozart, 1756～1791)도 아주 어릴 적에 음악소리를 듣고 자란 때문에 소리를 그리는 능력이 생겼다. 모차르트는 수많은 악기들의 음색과 음역을 기억하고 있었다.

가만히 눈을 감으면, 그의 귓전에는 손가락이 춤을 추듯 피아노 건반을 두드리는 소리, 바이올린을 켜는 소리, 플루트를 부는 소리가 잔잔히 들려온다. 그리고 그는 그런 소리들의 조화를 만들어낸다. 그래서 그는 순식간에 한편의 오페라를 머릿속에서 완성해 버린다.

모차르트

살리에리

이제 머리에 떠오르는 그 오페라의 악상을 악보에 옮기는 작업만 하면 되는 것이다. 그래서 그의 악보에는 단 한번도 수정한 흔적이 없었다고 한다.

애초부터 머릿속에 완성된 곡을 그대로 오선지에 옮긴 까닭이다. 모차르트의 연적이자 경쟁자였던 살리에리(Antonio Salieri, 1750~1825)는 모차르트의 이런 재능을 시기하여 신을 저주한다.

▌8살에 미적분을 마친 학생

아직은 초등학생에게 미적분을 가르치는 것은 무리라고 생각하는 사람들이 있을 것이다. 하지만 8살에 고등학생들이 배우는 미적분학을 마친 학생이 있다. 8살이라면 이제 겨우 초등학교 2학년생이다. 그 학생의 이름은 폰 노이만이다.

폰 노이만

폰 노이만(Johann Ludwing von Neumann, 1903~1957)은 영국, 프랑스, 독일, 러시아 등의 식민제국들의 힘겨루기가 한창이던 1903년 12월 28일 헝가리의 수도 부다페스트에서 유태인 은행가의 장남으로 태어났다.

그의 가족은 고향에 별장을 갖고 있었고, 그의 아버지는 귀족 작위를 샀을 만큼 부유했다. 귀족 작위를 사는 것은 그 시대의 관습이었다.

노이만은 겨우 말을 시작했던 시기에 벌써 신동으로 알려졌다. 그는 어렸을 적부터 기억력이 매우 좋았으며, 수학의 신동이었다.

그는 6살 때 암산으로 8자리 나눗셈을 할 수 있었고, 8살에는 미적분학을 마쳤다. 당시에는 어린이용 장난감이 부족했기 때문인지 노이만은 전화부 책을 좋아하며 읽곤 했다.

보통의 아이들은 숫자가 가득한 전화번호부를 좋아할리가 없지만, 노이만은 전화부를 보면서 전화번호를 외우는 것을 즐기곤 했던 모양이다. 노이만에게 전화번호를 알고 싶은 사람의 이름을 말하면, 노이만은 그 사람의 주소와 전화번호를 줄줄 말하곤 했다.

노이만의 그런 비상한 기억력은 단순한 암기력이 아닌 절차기억력을 사용한 것으로 추정할 수 있다. 노이만은 아마도 어릴 적부터 수를 사용해 노는 놀이를 어머니가 자주 해주었는지도 모른다. 그것이 노이만에게 수에 대한 절차기억력을 강화시켜주었을 것이다.

그래서 노이만의 머리는 수를 아주 자연스럽게 사용하는 능력이 생겼고, 계산하는 일을 즐겼다. 어느 날 그의 어머니가 뜨개질을 멈추고 허공을 멍하니 바라보고 있는 것을 보고, 노이만은 그의 어머니에게 무슨 계산을 하고 있는 중이에요? 하고 물었다고 한다.

노이만은 부다페스트의 김나지움에 입학하여 담임선생님으로부터 수학적 재능을 인정받아 부다페스트대학의 수학교수에게 개인지도를 받도록 추천받아 8년간 충분히 영재교육을 받았다.

한국에도 100년에 한번 날까말까 하는 노이만 같은 천재가 태어나도 그들은 노이만처럼 영재교육을 제대로 받지 못하며, 오히려 이상한 아이로 따돌림당하다가 평범한 어른이 되어버린다.

한국사람들은 사돈이 논을 사면 배가 아프다는 심성이 있다. 특히나 치맛바람이 거센 학부모 중에는 남의 아이가 영재라는 사실에 속이 뒤집어진다.

그리고 그 바보들은 천재를 학대한다. 결국 그 천재들은 자신의 재능을 발휘해보지도 못하고 세상을 비관하다가 덧없이 사라지고 만다. 이것은 국가적으로나 인류역사에 커다란 손실이 아닐 수 없다.

아무튼 노이만은 12살에 대학원 수준의 수학을 공부할 정도가 되었고, 1921년에 부다페스트대학에 입학해서 수학을 전공했다. 그러나 이미 학부과정의 수학을 모두 마친 그는 베를린에 머물면서 아인슈타인이나 슈미트 등의 강의를 들으면서 견문을 넓히고 있었다.

1923년에는 스위스의 취리히 연방공과대학에 입학하여 화학공학을 전공했다. 이때 수학자 헤르만 와일의 강의를 대신하기도 했다. 1925년에 화학공학으로 학위를 받고 1926년에 부다페스트대학에서 수학박사 학위를 받았다.

1926년에는 괴팅겐대학에서 연구생활을 하다가 1927년에는 베를린대학의 사강사가 되었다. 그 후 3년간 그는 주로 수학의 오퍼레이터 이론을 양자론에 적용하는 연구를 하였다.

1930년에 프린스턴대학으로부터 초빙되어 강사가 되고, 1931년에 교수가 되었다. 1933년에는 프린스턴 고등연구소의 종신연구원이 되었다. 이때에 아예 미국으로 이주하고, 1937년에 미국 시민권을 얻었다.

원래 수학자로 출발했던 그는 이미 20대의 젊은 나이에 수많은 수학논문을 발표했다. 특히 노이만은 힐베르트와 그의 학파에 강한 영향을 받았다. 그래서 집합론, 수학기초론, 힐베르트공간론, 작용소론, 엘고드이론, 연속기하학 등의 순수수학 분야에서 많은 공적을 남겼다. 그는 수와 관련된 그의 능력을 자랑하기를 좋아하였다.

그의 첫 번째 컴퓨터가 완성되어서 시험을 하게 되자 누군가가 이런 문제를 냈다. "오른쪽에서 4번째 자리 수가 7인 가장 작은 2의 지수는 얼마인가?" 컴퓨터와 폰 노이만은 동시에 문제풀기를 시작하였고, 결국 폰 노이만이 먼저 풀어서 승리하였다.

　물리학자 한스 베테는, 노이만은 보통 사람과 다른 초인으로 생각해야 한다고 말하기도 한다.

　"나는 때로 폰 노이만과 같은 뛰어난 두뇌라면 일반적인 인간과는 다른 종으로 구분되어야 하는 것이 아닌가 하는 생각이 들기도 한다."

에니악(ENIAC) 컴퓨터 앞에 서있는 노이만

　노이만은 확실히 독창적이고 다산적이며, 다재다능했다. 그러나 아무리 노이만이 특별한 천재였다고는 해도 8살의 아이는 아직은 철없는 어린이에 지나지 않는다. 노이만의 행운은 그의 천재성을 일찍이 주위에서 개발해 주었다는 점이다. 우리의 주변에도 노이만에 못지않은 천재들이 숨어있다.

아니 어린이들은 모두 천재라고 해도 과언이 아니다. 단지 그들은 아직 무력하다는 이유로 억압받고 무시당할 뿐이다. 하지만 그들에게 좀 더 관심을 갖고 사랑으로 대하면서 그들의 언어로 이야기한다면 얼마든지 미적분학을 가르치는 것이 가능하다.

의미의 세계

인간은 모든 것에 의미를 부여하려고 한다. 의미가 부여되지 않는 것은 인간에게는 관심거리가 될 수 없다. 인간이 무언가에 대해 관심을 갖는다는 것은 그것에 의미가 부여되어 있기 때문이다.

인간은 의미의 세계에 산다고 해도 과언이 아니다. 의미란 자기와 세계와의 관계이다. 즉, 세상이 자신에게 이로운가 해로운가 하는 관계로써 가장 원초적인 의미를 부여한다. 이것이 모든 의미의 출발점이요, 뿌리이다. 하지만 세상이란 원래 아무런 의미도 없는 세계이다. 즉, 세상은 이로운 것도, 해로운 것도 아닌 무념무상의 공(空)이라고 부처님은 깨달은 것이다.

이 세상이 아름다운 것, 또는 추한 것으로 보이는 것은 자신의 상태에 의해 그렇게 보일 뿐이며 자신이 그렇게 의미를 부여한 셈이다.

부처님은 똥에도 부처가 있다고 말했다. 우리는 똥이란 더러운 것이라는 의미를 부여하고 있다. 하지만 똥도 잘 생각해보면, 더러운 물질이 전혀 아니다.

똥을 이루고 있는 원자들도 우리가 과학책에서 배우는 수소, 산소, 질소, 탄소, 나트륨, 마그네슘, 칼슘 등의 원자이다. 원자의 입장에서 본다면 똥을 더럽다고 규정할 이유는 어디에도 없다. 아무리 깨끗한 음식이나 똥도 같은 종류의 원자들로 이루어진 것이다.

결국 의미란 자신이 만드는 허구일 뿐이다. 때문에 우리가 의미의 세계를 탐구한다는 것은 결국 자신이 어떤 존재인지 탐구한다는 의미이기도 하다. 자신이란 무엇인가?

자기의 기원 - 안과 밖

자기란 무엇인가? 자기의 본질을 규명하는 일은 여간 어려운 일이 아니다. 생명체가 생명을 유지해가는 기본은 자기와 비자기를 구분하는 일이다.

이것에 실패한다면 그 어떤 생명체도 살아남을 수 없다. 세포막에 구멍이 생겨 세포 내부의 물질과 외부의 물질이 아무렇게나 뒤엉켜 섞인다면 세포는 더 이상 생명활동을 유지할 수 없고 죽게 된다. 즉, 자신을 규정하는 것은 얇은 한 가닥의 경계이다. 그 경계를 사이에 두고 자기와 비자기가 구분된다. 태초의 우주는 혼돈

(氣, 空)의 바다였다고 한다. 혼돈이란 아무런 구분도 없다는 것을 의미한다. 공간은 아무런 구분도 없는 혼돈이며, 진공(空)이고, 정체된 에너지의 바다라고 할 수도 있다.

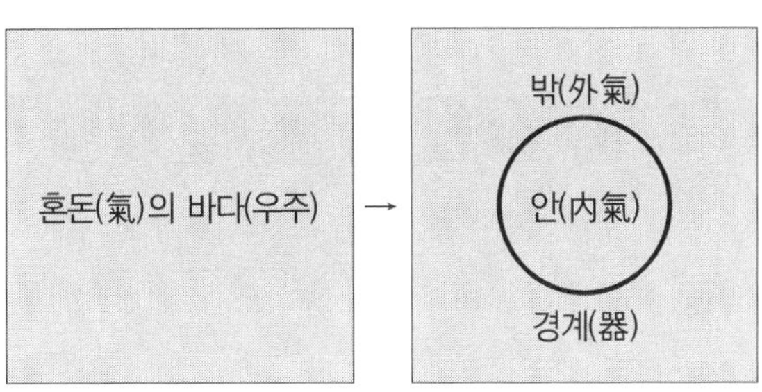

이 혼돈의 바다에 경계(器, 形態)가 등장함으로써 안과 밖의 구분이 생긴다. 경계에 의해 구분된 안쪽의 세계는 또 하나의 우주이다. 자기만의 세계를 만들 수 있는 것이다.

결국 자기의 본질은 경계에 의해 구분된 안쪽의 우주를 의미한다. 경계에 의해 구분되었기 때문에 밖의 변화와 상관없이 안쪽만의 세계를 유지할 수 있다. 즉, 외부와 독립된 자신의 정체성이 확립된 것이다. 자기가 탄생한 것이다. 이렇게 탄생한 자기만의 세계는 그 개성을 유지하기 위해 여러 가지 교묘한 장치를 고안해낸다. 그것은 세포에서 보는 능동수송이다.

원래 세계에는 엔트로피 증가의 법칙이라는 절대법칙이 작용하기 때문에 아무리 경계막을 치고 있어도 안과 밖은 점점 똑같이 균일해지려는 경향을 갖는다.

그것을 그대로 방치하면 결국 안과 밖은 같은 상태가 되고, 경계는 존재의 의미가 없어지고 만다. 세포는, 독특하게 세포막 내부는 외부와 달리 칼륨(K+) 이온의 농도가 더 높다.

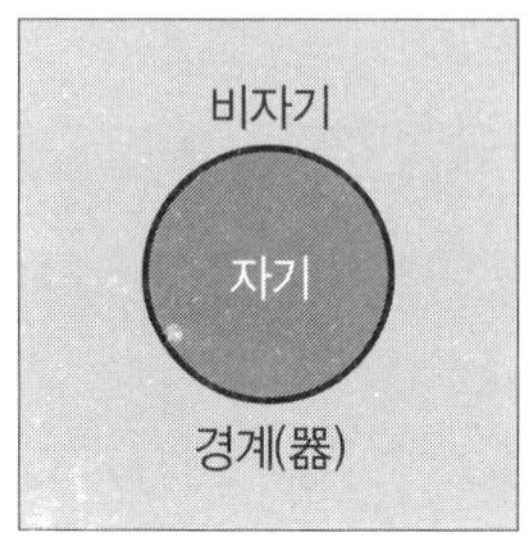

이것이 생물학적으로 무슨 의미를 갖는지는 아직 모르지만, 세포는 칼륨 이온을 외부보다 높게 유지하기 위하여 적지 않은 에너지를 사용하며 능동적으로 칼륨 이온을 세포막으로 운반한다.

세포는 칼륨 이온의 농도 차이로 자신과 외부를 차별하며 자신을 주장하는지도 모른다. 사람들도 끊임없이 자신이 남과 다르다는 것을 강조하기 위해 구하기 어려운 악세서리나 소품을 갖추고 자신만의 개성을 뽐낸다.

대중에 휩쓸려 자신이 대중 속에 묻혀 사라지는 것을 원치 않기 때문이다. 그것은 개인의 죽음 자신의 죽음을 의미하기 때문이다.

자기란 외부와는 다른 내부만의 세계이다. 외부와 독립적인 자신만의 독특한 세계를 구축할 수 있을 때, 자기의 존재감이 분명해진다.

건축물도 외부의 온도와 달리 내부의 온도는 보다 쾌적하게 유지된다. 그렇게 건축물도 사람이 사는 온기를 가질 때 살아있는 건축물이 된다. 사람이 떠난 폐가는 창문이 다 깨지고 바람이 들어와 외부나 내부의 온도차가 없다. 자신을 주장하기 위해서는 자신만의 개성을 가지고 있어야 하는 것이다.

이렇게 자신이 완성되고 나면 이제 세상을 향해 나아갈 수 있다. 세상에 적극적으로 자신만의 의미를 부여할 수 있게 된다. 세상을 해석하는 것이다. 세상을 해석한다는 것은 어떤 뜻인가 하면, 나의 내부 세계와 외부 세상을 비교한다는 것이다. 그 비교를 통해 외부 세계가 어떻다고 나의 입장에서 말할 수 있는 것이다.

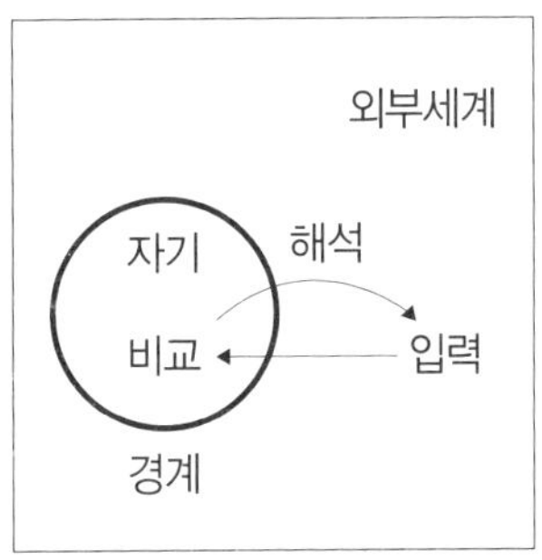

우리가 어떤 사물의 길이를 측정한다는 것은 무턱대고 그 사물을 측정하는 것이 아니다. 우선은 나에게 눈금이 새겨진 자가 갖추어져 있어야 한다. 즉, 자신만의 세계가 있다는 것이다.

그것으로 외부의 측정하고자 하는 것을 비교하는 것이다. 그래서 그것이 짧다든지, 길다든지 말할 수 있는 것이다. 자신의 비교 대상도 없이 그것이 어떻다고 평가할 수는 없다.

오그던의 의미삼각형

우리가 어떤 대상을 파악하고 이해한다는 것은 어떻게 이루어지는 것일까? 먼저 어떤 대상이 우리 눈앞에 존재할 것이다. 그리고 그 대상의 여러 가지 특징들 즉, 모양이나 색, 냄새, 소리, 촉감 등등의 감각이 느껴진다.

이런 느낌은 우리 자신의 내부 세계에서 형성되는 것이다. 이런 느낌들이 우리의 머릿속에서 정리되고 통합되어 대상에 대한 이미지가 마음에 형성되는 것이다. 그렇게 우리는 어떤 대상을 파악한다.

이제 이 이미지를 잊지 않고, 오래도록 기억하기 위해 우리 머릿속에서는 기호화과정을 시작하게 된다. 즉, 더욱 간단한 기호, 이름을 부여함으로써 대상을 쉽게 기억할 수 있도록 한다.

우리가 들판에서 만발한 숱한 꽃들을 보고 감상한다. 그 꽃들을 눈앞에서 보고, 그 향기를 맡고 있는 동안은 그 꽃을 기억하고 있다. 즉, 단기기억에 저장된다.

하지만 곧 주의를 다른 곳으로 향하게 되면 그 꽃에 대한 이미지나 냄새는 까마득하게 잊혀지고 만다. 단기기억의 유지 시간은 15초로 매우 짧고 기억용량도 7 ± 2청크에 지나지 않기 때문이다.

그 꽃을 좀 더 오래도록 기억하고 잊지 않고 싶다면 그 꽃에 이름(기호)을 부여해 주어야 한다. 그래서 장기기억으로 전환해 주어야 하는 것이다. 이름을 부여한다는 것은 의미를 부여한다는 것이며 세상에 대한 해석이기도 하다.

대상과 그 대상에 대한 마음속의 이미지 그리고 그에 대한 이름, 이 3자를 통합하여 의미 삼각형(Meaning Triangle)이라는 것을 만든 것은 영국의 심리학자 오그덴(C. K. Ogden, 1889~1957)과 리차드(I. A. Richards, 1893~1979)이다.

오그덴   리차드

외부의 대상이 감각기관 등을 통해 입력되어 인식체 내부에 여러 가지 감각을 형성한다. 그러한 감각을 비교하고 통합하여 내부에 대상에 대한 모델, 이미지가 형성된다. 그리고 그 이미지를 명명함으로써 기호화한다.

보통 동물들은 어떤 대상이 먹이감인지, 포식자인지를 단순하게 인식하고, 그에 대해 바로 반응을 보인다. 일반적으로 동물들은 환경에 적응하여 살아남기 위해 두 개의 기능을 가지고 있다. 즉, 외부의 상태와 변화를 살피는 감각계(感覺系)와 그것에 따라 반응하는 반응계(反應系)가 그것이다. 단순한 동물은 이 두 기능이 거의 직접적으로 연결되어 매우 기계적으로 반응하게 된다.

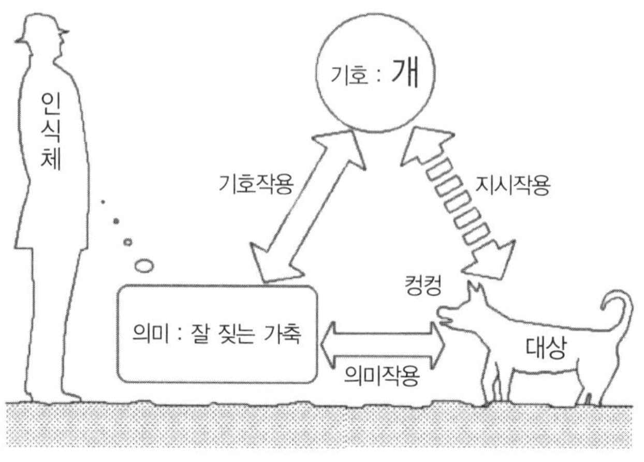

오그덴의 의미삼각형

이것을 주성(走性)이라 한다. 주성은 주로 물리 화학적 자극에 대한 반응이다. 특별한 자극이 없을 때도 배고픔 등의 내적 충동이 작용하면 그에 따른 반응을 보이기도 한다.

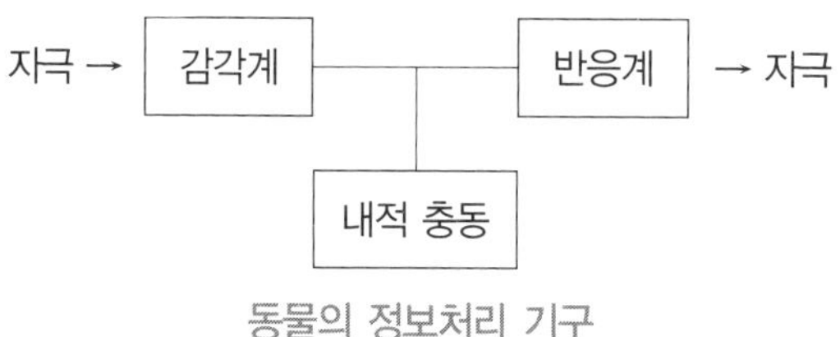

동물의 정보처리 기구

동물의 감각계가 바로 외부 대상을 내부 이미지인 아날로그 정보로 바꾸는 역할을 한다. 이 아날로그 정보는 반응계의 출력정보에 직접 대응하게 되어 있다.

한편 인간은 감각계와 반응계라는 두 가지 기능 이외에 또 하나 상징계(象徵系)라는 기능을 가지고 있다고, 독일의 철학자 카시러

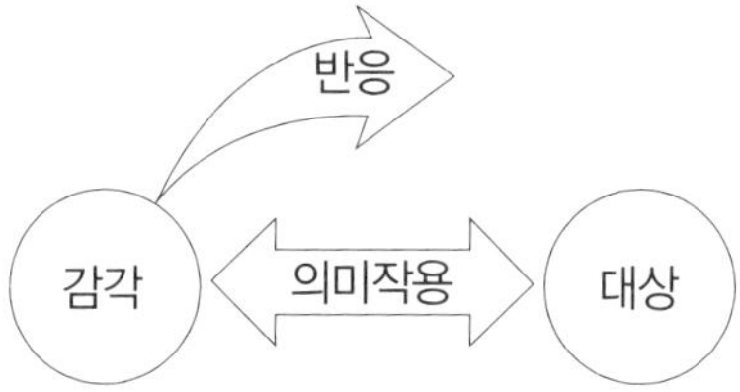

(Ernst Cassirer, 1874~1945)는 말했다.

인간은 물질적 세계에서만 사는 것이 아니라 상징적 우주 안에서 산다. 언어와 예술과 종교가 이 상징적 우주를 형성한다는 말이다.

인간의 대뇌는 크게 발달하여 다른 동물과 달리 막대한 기억력이 생기고 이것이 상징계가 되었다. 여기서 기호를 창조하고 이 기호를 이용하여 상징 조작을 하게 된다. 상징조작을 거친 다음에 반응을 더욱 정밀하게 통제하여 표출하게 된다.

상징조작을 통한 정보처리로 인간은 다른 동물보다 더욱 지능적인 반응을 할 수 있게 된 것이다. 상징계는 감각계의 정보를 일반화함으로써 급변하는 환경의 변화를 본질적으로 해석하여 보다

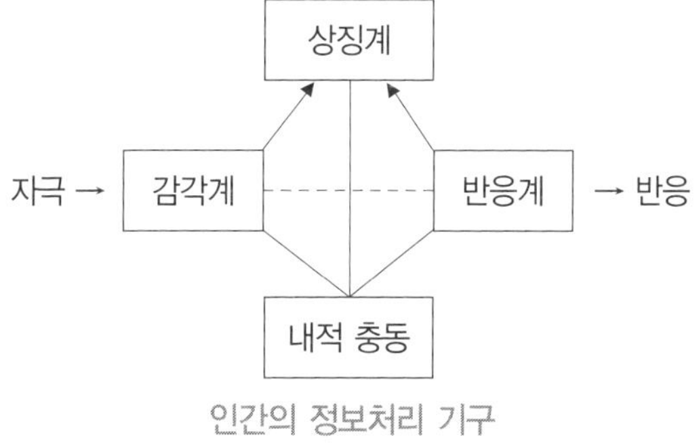

인간의 정보처리 기구

효율적인 반응을 만들어내게 한다. 즉, 오그덴의 의미삼각형을 형성하는 동물은 상징계를 가진 인간뿐인 것이다.

소통의 완성

　동물들은 서로의 의사 소통에 실패하는 법이 없다. 동물들에게는 상징계가 없고, 감각계와 반응계만으로 서로 상대방을 대상으로서 파악하기만 하면 바로 반응을 보일 수 있기 때문이다.

　동물들은 늘 이심전심으로 소통에 성공한다. 자극과 반응의 단순한 관계인 까닭이다. 설령 동물들이 소통에 실패한다고 해도 그것은 실패로써 의미도 없다. 동물들은 서로의 마음속을 읽는다는 의도가 애당초 없기 때문이다.

　소통에 실패할 가능성이 늘 열려져 있는 존재는 상징계를 가진 인간뿐이다. 상징이 잘못 해석되면 소통은 여지없이 실패하고 마는 것이다.

　상징은 지극히 자의적인 것이기 때문에 늘 오해의 소지를 안고 있으며 잘못 해석되는 것이 다반사이다. 인간들은 원초적으로 소통에 100% 성공할 수 없다는 것을 너무도 잘 알고 있다.

　동물은 상대의 마음을 헤아리는 기능 자체가 없지만, 인간은 자기의 마음을 들여다볼 뿐만 아니라 상대의 마음도 헤아리려고 늘 노력하기 때문이다. 상대의 마음을 읽을 수는 있지만 그것이 정확하다는 것을 그 어디에서도 확인받을 수가 없다.

상대방에게 몇 번이고 같은 질문을 반복하면서 그 눈빛을 살피지만 의혹은 결코 해소되지 않는다. 이처럼 인간은 소통에 실패할 가능성이 늘 열려있기에 거짓말을 하게 된다. 거짓말을 할 수도 있다는 가능성이 소통을 원천적으로 불가능하게 하는 것이다.

그래서 등장하게 된 것이 논리라는 공통의 프로토콜이다. 논리는 자명한 것도 확인하고 입증하는 명백한 확인절차를 밟아서 상대방의 마음을 읽어낼 수 있다는 것이다. 그 단초는 바로 오그덴의 의미삼각형의 완성에서 시작한다.

▌질자

오그덴의 의미 삼각형의 완성에 들어가기에 앞서 질자라는 새로운 용어를 도입하고자 한다. 인간의 감각기관이 느끼는 고유한 느낌(지각적 앎)을 이제부터는 질자(質子 ; qualia)라는 용어로 표현한다. 예를 들어 붉은 장미의 붉은 색감, 커피의 독특한 냄새, 비단 옷의 매끄러운 감촉 등등의 느낌이 바로 질자이다. 질자는 연속적인 아날로그 정보이며, 그것이 그대로 인간에게는 의미를 갖는다. 보는 것이 믿는 것이라는 말은 이것을 의미한다.

사람들의 질자는 모두 제각각 다르다. 즉, 내가 지금 보고 있는 붉은 색의 장미꽃에서 느끼는 그 정열의 붉은 색감을 내 여자친구도 똑같이 느끼는 것일까?

아니다. 나의 느낌과 다른 사람의 느낌은 비슷할지는 몰라도 똑같지는 않다. 왜냐면 사람마다 눈의 망막세포의 색을 느끼는 세포의 구성 비율이나 배치가 미묘하게 다르기 때문이다.

이런 실험을 한 적이 있다. 삼원색을 조합하여 여러 가지 색을 만들어내는 컴퓨터 프로그램이 있다. 학생들에게 똑같은 색 견본을 주고 그 색과 똑같은 색을 그 컴퓨터를 이용해 만들어보라는 실험을 해보았다.

학생들은 모두 똑같은 색 견본을 보고 삼원색을 섞어 컴퓨터에 그 색을 재현해냈는데, 학생들 각자의 삼원색의 혼합비율은 달랐다. 같은 색을 보는데도 각각의 학생들이 느끼는 색감은 미묘하게 다르다는 것을 보여준 실험이다.

우리는 똑같은 음식을 먹었지만 똑같은 맛을 느낄 수는 없고, 똑같은 음악을 들었지만, 똑같은 감흥을 느낄 수는 없다. 사람은 제각각 느끼는 질자가 다르기 때문이다.

태어난 어린아이는 그의 감각기관을 발달시키면서 세상의 여러 가지는 경험한다. 즉, 질자 정보를 축적하는 시기이다. 이 시기에 축적된 다양하고 풍부한 질자 정보는 그의 인생을 보다 풍성하게 할 것이다.

1929년 미국의 철학자 루이스(Clarence Irving Lewis, 1883~1964)는 《마음과 세계 질서》라는 저서에서 질자라는 용어를 처음으로 사용했다. 1950년대부터 1960년대까지 루이스의 제자였던

미국의 철학자 굿맨(Nelson Goodman, 1906~1998)은 질자라는
용어를 널리 알리는데 기여했다.

루이스   굿맨   네이글

1974년 미국의 철학자 네이글(Thomas Nagel, 1937~)은 질자
라는 용어의 용법을 보다 엄밀하게 확립했다. 1982년에는 오스트
레일리아 철학자 잭슨(Frank Cameron Jackson, 1943~)이 메
리의 방이라는 사고실험을 제안했다. 태어날 때부터 메리는 색을
전혀 볼 수 없는 흑백의 방에서만 살면서 색에 대한 물리학적 지

잭슨   찰머스

식은 모두 배우게 된다. 그런 그녀가 막상 색을 보게 된다면 어떻게 될까 하는 문제이다. 즉, 색에 대해 지식으로 아는 것과 직접 느끼는 것은 어떤 차이가 있는가 하는 물음이다.

이는 유물론 즉, 마음속의 질자도 물리적 현상으로 환원하여 설명할 수 있다는 입장을 반박하기 위한 것이다. 1995년부터 1997년에 걸쳐 오스트레일리아 철학자 찰머스(David John Chalmers, 1966~)는 질자의 개념을 물리학자나 공학자들에게도 널리 알렸다. 그는 철학적 좀비라는 사고실험을 했다.

철학적 좀비는 겉으로는 완벽하게 인간과 똑같다. 그래서 전혀 인간과 구별할 수 없다. 다만 인간이 느끼는 질자만 없는 존재이다.

즐거울 때 즐거운 표정을 하고있지만, 그의 내면에는 들뜬 마음이 없고, 화날 때 눈을 부라리고 머리카락이 곤두서지만 가슴속에 울컥하는 분노감도 없다.

만일 지금의 컴퓨터로 완벽하게 인간을 흉내낼 수 있다면, 그것이 바로 철학적 좀비에 해당할 것이다. 이것은 인간의 모든 표정과 행동 습성을 완벽하게 모방할 수 있지만, 그 내면에서는 인간이 느끼는 감정, 질감 등은 전혀 없기 때문이다.

대부분의 철학자들은 철학적 좀비가 실재할 수 없다고 생각한다. 하지만 그 누구도 이를 증명하지는 못했다. 이렇듯 질자에 대한 철학자들의 탐구는 아직 결론이 나지 않은 상태이다. 즉, 사람의 마음속에 들어있는 원초적인 의미라 할 수 있는 질자는 결코 확인할 수 없다. 그렇기 때문에 인간의 소통은 불가능한 것이다.

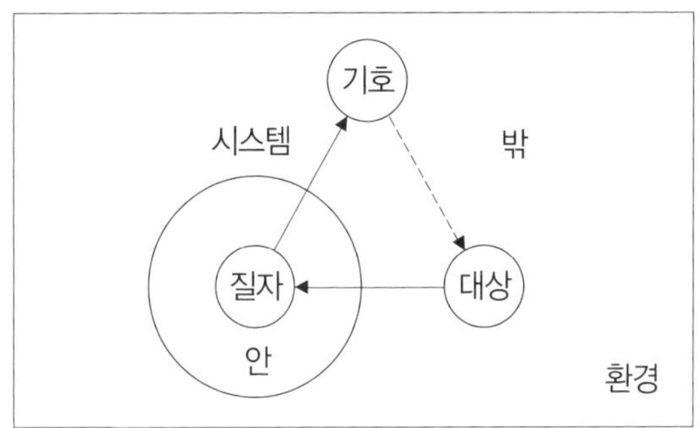

이것을 넘어서기 위해 질자에 대해 이름을 부여하고 질자를 외화하는 것이다.

질자는 자기 안의 것이고, 기호는 밖의 것이다. 철학적 좀비란 내부의 질자도 없이 입력된 대상에 대해 시스템이 밖으로 기호만을 출력할 수 있다는 의미다. 그런 시스템이 존재하는 것이 과연 가능할까?

행동질자

앞에서 동물은 감각계와 반응계만을 가지고 있다고 말했다. 때문에 동물은 대부분 자극을 받으면 바로 반응하기 마련이다. 반면 인간은 상징계를 가지고 있다.

인간은 상징계 덕분에 자극이 들어와도 바로 반응하지 않거나 알면서도 아예 반응하지 않을 수도 있다. 인간은 불필요한 행동을 자제함으로써 에너지의 낭비를 막는 것이다.

하지만 이것이 또 다른 우를 범할 수 있는데, 머리는 잘 알지만

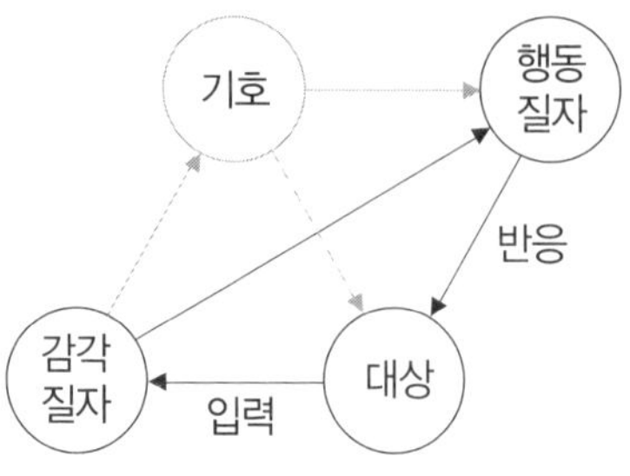

동물의 감각질자와 행동질자의 관계

막상 행동을 하려면 잘 되지 않게 된다. 평소에 행동질자의 형성
에 게으른 까닭이다.

행동질자란 감각질자처럼 내부의 정보로써 자신이 하고자 하는
행동의 구체적인 프로그램을 의미한다. 즉, 신속하고 적합한, 능
률적인 행동은 근육을 미묘하게 통제하는 능력을 필요로 한다.

운동선수나 춤을 추는 댄서들이 수없이 연습을 반복하는 것은
머릿속에 행동질자를 형성하기 위함이라고 말할 수 있다. 완벽한
학습의 완성은 기호의 형성만이 아니고 행동질자가 잘 형성되어
야 하는 것이다.

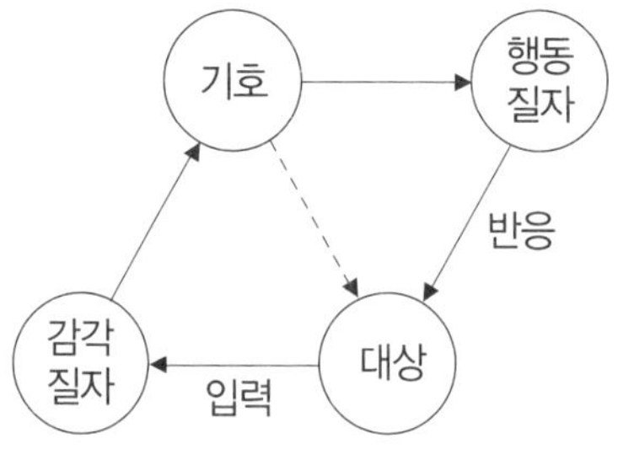

오그덴의 의미사각형

　수학에서도 단순한 기호계산만으로 수학학습이 끝났다고 생각하기보다는 대상계산, 대상조작을 직접 해봄으로써 행동질자의 형성에도 관심을 가져야 한다.

　수학이 아무리 추상적인 기호계산의 학문이라지만, 현실적인 실천을 통해서 수학을 온몸으로 체득하는 것도 필요하기 때문이다.

▎대상, 질자, 기호

　정보의 주체인 인간이 처음 낯선 새로운 대상을 만나면, 인간은 모든 감각기관을 총동원해서 그 대상을 면밀하게 자세히 살피게 마련이다. 그리고 그 대상에 대한 감각정보의 총체로서 질자를 형성하는 것이다.

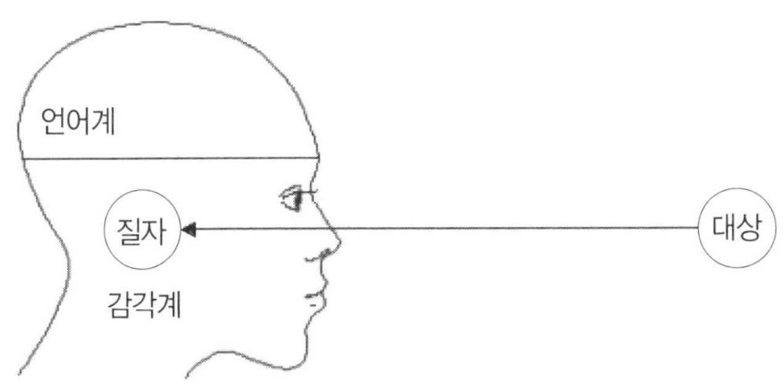

대상과 질자의 형성

　이렇게 질자가 형성되고 나면 다음 단계는 이 질자 혹은 대상에

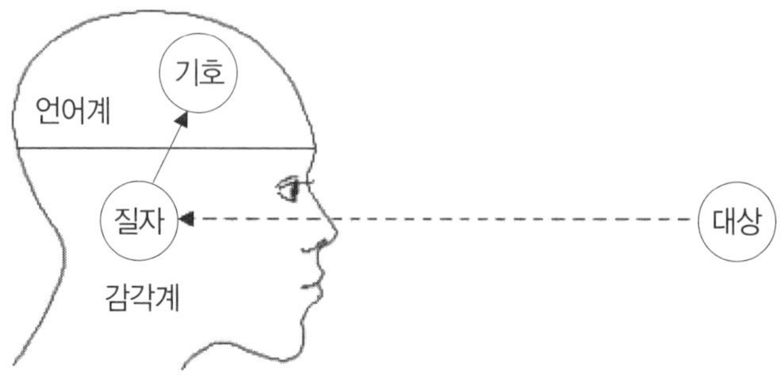

질자의 명명(기호화)

대한 명명에 들어간다. 즉, 이름(기호)을 부여하는 일이다. 이름을 부여하는 것은 상징계(언어계)에서 담당하게 된다. 동물들에게도 질자는 있지만 동물의 두뇌에는 언어(상징계)라는 브로카 영역이 없기에 대상을 명명하지 못한다.

그리고 마지막으로 그 이름이 대상을 지시하는 것을 확인한다. 그렇게 해서 오그덴의 의미삼각형이 완성된다. 그리고 다음 과정

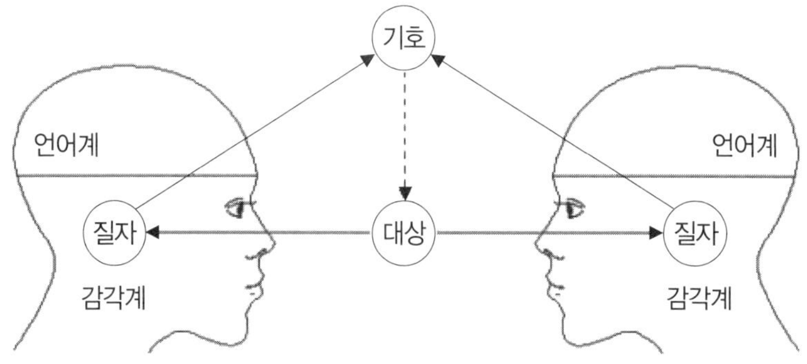

소통의 완성

으로 내적인 이름은 타인에게도 공유되도록 외화되는 과정을 거치게 된다. 이제 사람들은 대상이 눈앞에 없어도 이름만 가지고도 대상에 대한 생각을 하며 대화도 할 수 있게 된다.

기호가 외화됨으로써 타인과 공유하여 타인과 질자가 같음을 기호로써 확인하고 소통을 완성한다. 그런데 우리는 어느새 대상이나 질자(의미)는 잊어버리고 기호만을 중요시하는 잘못을 범하고 있는 것이다.

오늘날 기호 중심의 수학교육이 학생들에게 흥미를 끌지 못하는 이유다. 기호는 원래 질자로부터 파생된 것에 지나지 않는다. 학생들이 수학적 대상 수학적 질자를 마음속에 형성할 수 있도록 도와주는 것이 관건이다.

정보의 종류

일반적으로 인간이 접하는 정보에는 불연속적인 디지털 정보와 연속적인 아날로그 정보가 있다. 하지만 이것은 어디까지나 공학상의 기준이다.

공학은 정보를 전하는 신호의 파형 특성과 분석으로 이런 구분을 한 것이다.

신호를 주고받는 통신기계처럼 인간의 마음도 주위 환경으로부

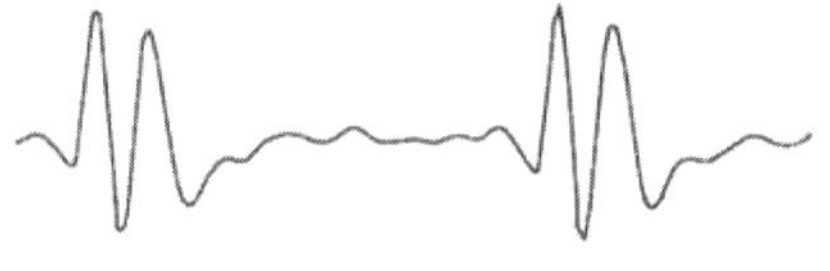

아날로그 정보

디지털 정보

터 정보를 인식하고, 스스로 정보를 생성하고, 처리하고 지시하는 정보의 중심이다. 마음이 처리하고 만드는 정보에는 어떤 종류가 있을까?

시스템은 유한하고 환경은 무한하게 크다. 때문에 환경에서 시스템이 받아들이는 정보는 무한정한 내용을 담은 연속적인 아날로그 정보를 받게 된다.

하지만 시스템 내부로 들어와 흐르는 정보는 유한한 처리가 가능한 불연속적인 디지털 정보여야 한다. 유한한 요소로 구성된 시스템은 무한하고 연속적인 아날로그 정보를 다루기는 쉽지 않기 때문이다.

$$정보 \begin{cases} 아날로그\ 정보(대상) \\ 디지털\ 정보(시스템,\ 기호) \end{cases}$$

이제부터 아날로그(analog) 정보란 대상을 되도록 있는 그대로 표현하는 정보라고 해야 한다. 대상 그 자체로 생각해도 좋다. 그러니 특별히 설명할 필요가 없는 당연한 것으로 여겨도 좋은 것이다.

빨간색이라는 정보는 아날로그 정보이다. 빨간색이 빨갛게 보이는 것은 당연하기에 왜 빨갛게 보이는지 그 이유나 설명은 불필요하다. 이처럼 우리가 빨간색이 왜 빨갛게 보이는지 의심하지 않는 것처럼 아날로그 정보는 당연한 정보로 받아들인다.

그 누구도 빨간색을 빨간색으로 보자고 약속한 바가 없지만, 모두가 빨간색을 빨간색으로 본다. 단지 색맹인 사람을 제외하고 말이다. 하지만 빨간색을 정지라는 의미로 만든 것은 교통법규의 약속이다. 그리고 왜 빨간색을 정지 신호로 선택했는지도 나름의 이유가 있다. 즉, 아날로그 정보를 건축물에 비유를 한다면, 기초에 해당하는 기본적인 정보이다. 그리고 아날로그 정보는 그것을 처리하는 시스템과 거의 무관하다. 레코드판이든, 카세트테이프든 거기에 기록된 음성정보는 그 성격이 달라지지 않는다.

반면 디지털(digital) 정보는 늘 설명을 요구받는다. 디지털 정보가 태어나는 것은 아날로그 정보에서 비롯된다. 즉, 빨강이라는 문자 자체는 이 문자가 어떤 것을 지시하는지 그 대상(이유나 설명)이 필요하다.

이렇게 빨간색이라는 아날로그 정보에서 빨강이라는 개념과 그 개념을 나타내는 문자정보 즉, 디지털 정보가 태어난다. 그리고 그 디지털 정보에서 다시 더욱 추상적인 디지털 정보로서 색이라

는 개념이 유도되어 나온다. 이런 식으로 디지털 정보는 늘 설명되어야 하는 것이다.

더구나 디지털 정보는 '있다' '없다', '예스' 다 '노' 다처럼 현실을 주체적으로 해석한 것으로 가치가 부여된 정보라는 점이 중요하다. 디지털 정보는 아날로그 정보에서 주요 특징을 뽑아 간략화하여, 부호나 기호를 부여함으로써 얻어진다.

이러한 추상화는 정보를 디지털화하는 주체의 목적, 가치관 등이 관여하게 된다. 디지털 정보의 추상화 정도는 그의 가치관이 얼마나 폭이 넓게 승화되었는지와 관련이 있다. 안목이 넓어질수록 보다 추상적인 디지털 정보를 만들 수 있는 것이다.

디지털 정보의 대표적인 것이 숫자나 문자이다. 물건의 개수를 나타내는 숫자는 물건의 모든 특징을 제거하고, 오로지 수량만을 나타낸 것이다.

아날로그	디지털
연속	불연속
대상 자체(자연)	추상화된 것(인공)
자명한 것	설명되어야 할 것
가치중립	가치부여
약속 불필요	약속된 것
부호화과정 불필요	부호화과정 필요
객관적 측면	주관적 측면
암묵지	형식지
오라	시뮬라크라

이제까지 많은 위대한 사상가들이 정보의 두 가지 측면에 대해 주목했다. 정보의 이 두 가지 측면 즉, 정보의 주관성과 객관성, 외면성과 내면성 등등을 정리하면 다음과 같다.

정보에는 이와 같은 이중적인 측면이 있기에 정보라는 개념에서 많은 사람이 혼란을 겪어왔다. 하지만 정보의 이 두 가지 측면은 별개의 독립적인 것이 아니고, 정보의 표리에 해당하는 것으로 두 측면이 협력함으로써 정보의 구조를 이루고 있다. 정보의 구조는 외적 형식과 내적 내용으로 이루어진다. 즉, 오그덴의 의미삼각형에서 기호는 외적 형식이며, 디지털 정보이고, 의미는 내적 내용으로 아날로그 정보이다. 디지털 정보는 그것 자체만으로는 아무 의미가 없다.

디지털 정보가 의미를 가지려면 아날로그 정보와 늘 오그덴의 의미 삼각형으로 결부되어야만 한다. 여러분이 다음과 같은 어느 외국인이나 외계인이 보내온 문자를 해독할 수 있겠는가? 물론 결코 할 수 없다. 왜냐면 이들 문자에 결부된 아날로그 정보가 무엇인지 우리는 모르기 때문이다.

우리가 외국어를 배울 때는 외국어 사전을 가져야만 한다. 그 사전은 외국어를 우리말로 대응시켜주고, 우리말은 우리가 일상 체험하고 있는 아날로그 정보에 대응하고 있다.

그렇게 해서 외국어를 이해하게 된다. 때문에 간혹 오해를 불러 일으키기도 한다. 즉, 외국어의 단어를 적절하게 우리나라 말로 대응시키지 못해서 생기는 오해이다.

추상성이 높은 수학기호는 아날로그 정보를 대응시키기가 더욱 어려워진다. 그래서 나중에는 의미를 알 수 없는 수학기호 때문에 혼란에 빠져버린다.

디지털 정보와 아날로그 정보의 대응은 필연적인 것이 아니고, 임의적인 것이기 때문에 아날로그 정보와 디지털 정보의 대응은 일반적으로 다대다의 대응이 된다.

아날로그 정보가 상징하는 원초적인 자연과 컴퓨터나 인터넷이 상징하는 디지털 정보로 구성된 오늘날의 현대적 문명은 이처럼 서로 밀접하게 관련되어 있는 셈이다.

우리가 아날로그 정보에만 머문다면 자연 속에 파묻혀 사는 타잔이나 야생인이 될 것이다. 그것은 곧 동물과 다를 바 없다. 인류가 문명을 이룩할 수 있었던 것은 그 아날로그 정보를 디지털 정보로 추상화함으로써 매우 추상적인 개념(예를 들어 수, 선악, 가치, 신 등) 을 얻었기 때문이다. 그런 개념들은 문자를 통해 세대를 거쳐 전해지고 인류 문명의 역사가 된 것이다.

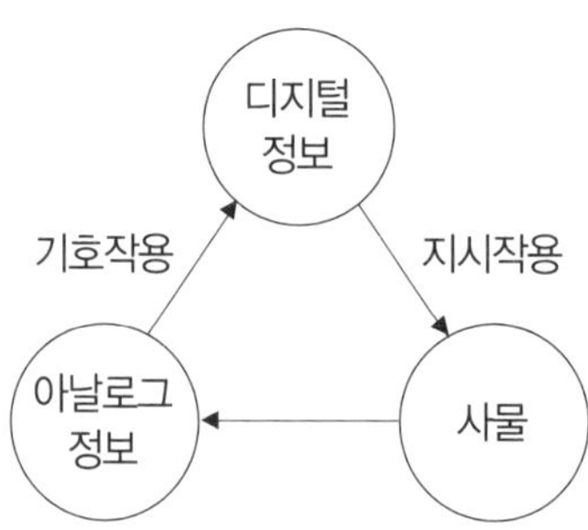

기호와 질자의 관계

　기호작용에 의해 아날로그 정보인 질자(의미)는 디지털 정보인 기호가 된다.

　하지만 기호는 자의적인 것이기 때문에 이 기호작용의 필연적인 과정에 대해서는 아직 아무도 규명하지 못했다.

　질자의 세계, 아날로그의 세계, 동물의 세계에 살던 사람이 기호의 세계, 디지털의 세계, 인간의 세계로 들어서는 극적인 사건이 있었다.

헬렌 켈러와 설리반 선생님

　생후 1년 7개월이 되던 때, 열병을 앓고 난 후에 시각과 청각을 잃고, 벙어리가 되어버린 헬렌 켈러(Helen Keller, 1880~1968)는 오로지 후각과 미각, 촉각만으로 세상을 느낄 수밖에 없었다.

　그녀는 이 원시적인 감각만으로 주위 세계를 느끼고 구분해야 했다. 그런 삶은 마치 동물과 하나도 다를 것이 없었다. 배고프면 코로 음식 냄새를 찾아서 게걸스럽게 먹고, 자고 싶으면 아무 곳에서나 자고, 아무거나 부수고, 던지고, 자기하고 싶은 대로 하였다.

　하지만 때로는 칠흑 같은 어둠과 고요 속에 갇힌 갑갑함에 고통스러워 울부짖었다. 원래 그녀의 뇌는 시청각 정보를 필요로 하는 정보처리시스템이기에 그러한 정보에 대한 욕구가 끊임없이 일어나지만, 그것이 채워지지 않은 정보의 갈증으로 고통스러워하는 것인지도 모른다.

그녀는 눈과 귀의 기능을 상실했기 때문에 사람의 언어를 배울 수 없고, 오로지 아날로그 정보(후각, 미각, 피부감각에 의한 지각상)로만 이루어진 세계에서 살 수밖에 없었다. 가족들도 그녀를 돌보는 것이 너무도 힘겨운 일이라 느꼈다.

이때 설리반(Annie Mansfield Sullivan Macy, 1866~1936) 선생이 등장한다. 그녀는 열정과 집념으로 말도 통하지 않고, 무언가 보여줄 수도 없는 7살의 어린 헬렌 켈러를 교육하기 시작했다.

헬렌 켈러와 설리반 선생님에게는 주로 촉각만이 서로의 컴뮤니케이션의 수단이었으며, 그것도 설리반 선생이 정한 일방적인 것이었다. 즉, 헬렌 켈러에게는 촉각도 단순한 물리적 자극에 지나지 않을 뿐이었다. 설리반 선생은 이런 답답한 수단만으로 헬렌 켈러를 가르친 인내심의 선생이다.

손에 빵을 쥐어주고, 냄새도 맡게 하고, 먹어보게 하면서 손바닥에는 bread(빵)이라 써 주었지만, 빵의 냄새나 맛에 정신이 팔린 헬렌 켈러는 손바닥의 이상한 자극이 무슨 의미를 나타내고자 하는 것인지 아예 관심도 없었다.

그녀에게는 공부하는 시간이라는 의식도 없었고, 동물처럼 단순한 자극과 신호에만 반응할 뿐이었다. 하지만 설리반은 지치지 않고 같은 행동을 몇 번이고 반복했다. 사실 설리반 선생님도 이 아이를 포기하고 싶다는 마음이 굴뚝같았을지도 모른다.

그러던 어느 날 설리반 선생이 헬렌 켈러를 펌프장으로 데려가 그녀의 손을 펌프꼭지에 갖다 대고 차가운 물을 느끼게 해 주었다.

그리고 그녀의 손바닥에 손가락으로 'W-A-T-E-R(물)'라 써 주었다. 이제까지 숱하게 반복된 것이지만 우연히도 그날 그 순간 헬렌 켈러는 이제까지 전혀 몰랐던 전혀 다른 세계, 바로 '기호'의 세계에 들어가는 전율에 휩싸였다. 그녀는 그 위대한 순간을 훗날 이렇게 쓰고 있다.

> 우리는 샘터로 이르는 오솔길로 걸어 내려갔다. 그 샘터를 덮은 인동덩굴나무의 향기에 매혹되었다. 누군가가 물을 푸고 있었고, 나의 선생은 내 손을 물 주둥이 밑에 댔다.
>
> 찬 물줄기가 한 손에 흘러내리자 그분은 나의 다른 손에 물이란 단어를 처음엔 천천히 그리고 빨리 썼다. 나는 움직이지 않고 서서 나의 모든 주의를 그분의 손가락의 움직임에 집중시켰다.
>
> 그때 갑자기 나는 무엇인가 잊어버렸던 것을 희미하게 의식하는 듯한 것—생각을 되찾은 것 같은 오싹함—을 느꼈다. 'WATER'란, 내 손위에 흘러내리는 그 놀라운 찬 것을 의미한다는 것을 알았다. 그 생생한 단어는 나의 잠자던 영혼을 깨워주었고, 빛과 희망과 즐거움을 주었으며, 마침내 나를 해방시켜 주었다.

과연 그날 헬렌 켈러의 머릿속에서는 무슨 일이 일어난 것일까? 어떻게 헬렌 켈러는 단순한 자극의 세계에서 기호의 세계로 나아갈 수 있었을까?

어떻게 사물과 사물의 이름인 기호를 연관시킬 수 있었을까? 마치 파블로프 개의 조건반사처럼 수없는 반복에 의한 것일까? 양의 질로의 전환이라는 마술이 일어난 것인가?

필자도 대여섯살 쯤에 형과 누나들에게 1, 2, 3,…이라는 아라비아 숫자를 배웠다. 그때는 그것이 무엇인지도 모르고, 그저 누나나 형이 꿀밤을 때려가며, 반복해서 쓰라고 하여 아무런 목적의식도 없이 울면서 써댄 기억이 어렴풋이 남아있다. 특히 3자는 마치 갈매기처럼 썼기 때문에 자주 혼이 난 기억이 뚜렷하다.

그런데 어느 날 그때가 언제인지는 기억나지는 않지만, 아무튼 그것이 물건의 개수를 나타내는 기호라는 것을 알게 되었다. 그렇게 해서 필자도 기호의 세계에 들어서게 된 것이다. 그때 묘한 쾌감 같은 것이 느껴진 것으로 희미하게 기억된다. 혹시 독자 여러분도 그런 경험이 기억나지 않는가?

▌컴퓨터의 질자

아무리 복잡하고 똑똑한 컴퓨터라도 그림과 같이 0과 1밖에 모르는 단순한 스위치 회로 덩어리에 지나지 않는다. 스위치가 켜지는 것은 1, 꺼지는 것은 0으로 나타낸다.

컴퓨터를 이루는 전자회로 기판의 가느다란 전선에는 0과 1을 나타내는 디지털 신호인 펄스파 형의 전류들이 흐르게 된다. 컴퓨

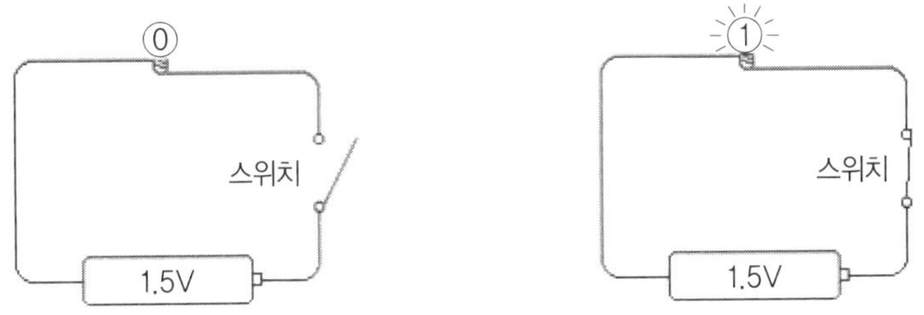

터는 이 디지털 신호를 주고받음으로써 명령을 수행하고 데이터를 처리한다.

여기서 디지털 신호라는 용어는 다만 공학적인 의미일 뿐이다. 컴퓨터의 입장에서 본다면 컴퓨터가 직접 느끼고 알 수 있는 신호는 이 디지털 신호이다. 때문에 0과 1의 디지털 신호가 컴퓨터에게는 일종의 질자인 셈이다.

그렇다면 0과 1밖에 모르는 이런 컴퓨터가 어떻게 인간의 글자인 영어 알파벳이나 한글, 심지어 한자까지 모니터 화면에 나타낼 수 있을까?

실제로 역사상 처음으로 개발된 컴퓨터에 입력하는 내용은 천공카드에 구멍을 뚫어 0과 1로 모든 정보를 변환해주어야 했다. 오늘날 수능시험이나 운전시험을 볼 때 수성 사이펜으로 OMR 카드 답안지에 답안을 표시하는 것도 채점하는 컴퓨터가 0과 1밖에 읽지 못하기 때문이다.

그리고 그 컴퓨터가 출력하는 내용도 단지 0과 1을 의미하는 구멍이 뚫린 기다란 종이테이프였다. 마치 모르스부호 같은 그런 암호는 컴퓨터 기계를 조작하는 전문가만이 해독할 수 있었다.

그런데 컴퓨터가 일반 사람들에게 널리 보급되기 시작하면서 보통사람들이 바로 컴퓨터에 원하는 글자를 입력하고 컴퓨터가 출력하는 내용을 읽을 수 있게 만들 필요가 생겼다.

그래서 컴퓨터가 사람의 글자를 바로 입력받을 수 있는 키보드 장치를 개발하고, 문자를 모니터 화면에 출력할 수 있도록 특별한 장치를 고안해 냈다.

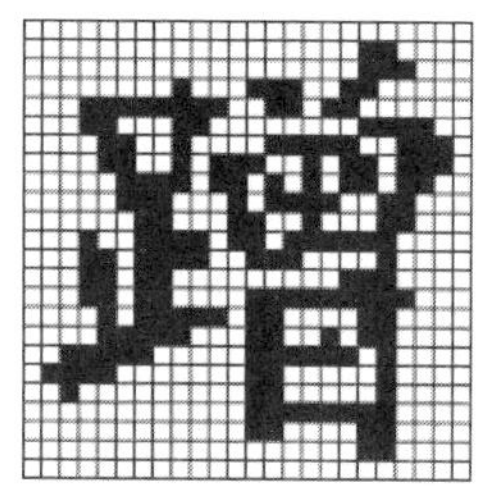

컴퓨터의 한자 폰트

그것은 폰트(font)라는 것이다. 처음에 폰트는 ROM이라는 기억장치에 아날로그 그래픽 문자를 기억해 두고, 그 문자들에 해당하는 디지털 신호가 오면, 그 폰트를 ROM에서 읽어내어 모니터 화면에 그대로 나타내도록 한 것이다.

말하자면 ROM에 저장된 폰트는 컴퓨터가 학습한 인간의 기호에 해당한다고 말할 수 있다. 컴퓨터가 키보드와 폰트를 얻게 됨으로써 컴퓨터 내부의 0과 1의 디지털 신호를 인간이 읽을 수 있는 아날로그 문자 이미지로 변환할 수 있게 된 셈이다.

그렇게 해서 컴퓨터는 인간과 보다 자연스럽게 소통할 수 있게

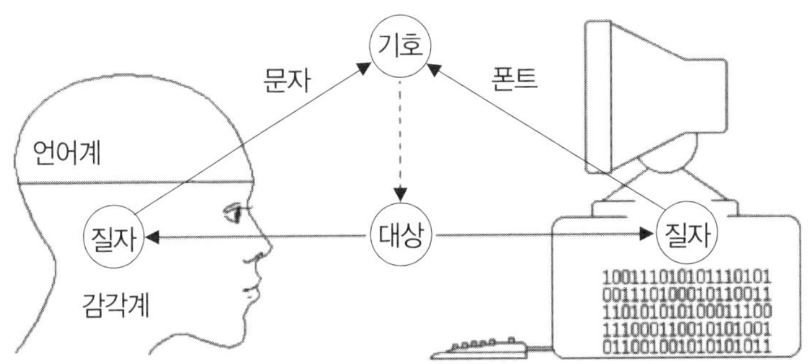

되었다. 헬렌 켈러도 처음에는 아날로그의 세계, 질자의 세계에서만 살았다.

그러다가 설리반 선생님의 끈질긴 노력으로 기호를 알게 된 것이다. 헬렌 켈러가 질자와 기호를 연결하게 된 상세한 과정은 뇌과학이 앞으로 밝혀내야 할 과제이다.

설리반 선생은 헬렌 켈러의 손바닥을 통해 일종의 폰트를 수없이 입력한 것이다. 헬렌 켈러는 대부분 그런 입력을 그냥 무시한다. 자신에게는 아무런 의미도 없기 때문이다.

하지만 반복적인 입력에 대해서 생명체는 거기에 무슨 의미가 있는지 파악하려고 나름대로 노력하게 된다. 그런 무의식적인 노력이 어느 날 결실을 맺게 된다.

아무튼 완벽한 정보는 늘 아날로그 정보와 디지털 정보가 하나로 통합되어야 가능한 것이다. 아날로그만의 정보는 산만하고 디지털만의 정보는 공허하기 때문이다.

정보의 계층성

우리가 받아들이는 정보는 늘 아날로그 정보와 디지털 정보를 동시에 받게 된다. 즉, 순수한 아날로그 정보나 디지털정보는 의미가 없거나 불가능하다고 말할 수 있다.

무의미한 소음은 순수한 아날로그 정보로 의미가 없고, 매체(일종의 아날로그 정보임)에 싣지 않은 디지털 정보는 표현하는 것 자체가 불가능한 것이다.

이렇게 우리는 아날로그 정보와 디지털 정보를 동시에 받게 됨으로 이것을 해체해서 아날로그 미디어 속에서 디지털 정보를 뽑아낼 줄 알아야 한다. 이 정보의 분석과 해체과정은 계층적인 과정을 거치며, 인코딩(=문턱치) 디코딩(아날로그화)된다.

우리가 컴퓨터 앞에 앉아서 키보드의 문자 A를 누르면, 그것은 키보드에서 1000001 이라는 2진수 디지털 코드로 인코딩된다.

이 2진수 코드는 이제 컴퓨터 내부의 여러 장치들 즉, 기억장치, CPU, 제어장치 등에 보내져서 적절하게 처리될 것이다. 즉, 컴퓨터 내부 요소들 사이의 대화는 2진수라는 기계어로 이루어지는 것이다.

사람이 알아볼 수 있는 문자 정보 즉, 상위계층의 정보가 이렇게 컴퓨터 내부에서 알아볼 수 있는 기계어인 하위 계층의 정보(컴퓨터의 입장에서는 질자)로 바뀐 것이다.

컴퓨터만이 아니고 생명체에서도 정보는 계층 사이에서 인코딩, 디코딩된다. 단세포에서 다세포로 진화하는 것은 생명의 역사에서 엄청난 혁명적인 사건이다. 왜냐하면 생명 시스템의 새로운 계층이 탄생했기 때문이다.

세포라는 작은 계층에서 세포로 이루어진 개체라는 새로운 상위계층이 생기는 것이다. 개체가 개체로서 존재하기 위해서는 개체를 구성하는 세포들이 하나의 통일체를 이루어야 한다.

그러기 위해서는 세포들 사이에 정보가 흘러야 한다. 이제까지 세포 내에서만 이루어지던 생명의 회로가 세포 밖으로까지 확장된 것이다.

그러기 위해서는, 생명의 회로를 흐르는 생명 정보는 세포와 개체라는 계층 사이를 통과하면서 컴퓨터처럼 디코딩되고 인코딩되어야 한다. 즉, 세포막에는 세포 외부에서 오는 여러 가지 신호물질을 수용하는 수용체 단백질이 있다. 이 수용체가 호르몬 등의 외부신호물질을 만나게 되면 그 내용을 세포 내부로 전달한다. 즉, 외부 호르몬 신호가 세포 내부의 생화학 반응으로 연속적으로 유도하게 된다. 그렇게 세포 내부의 신호로 인코딩되는 것이다.

이런 과정은 사람의 언어생리에서도 마찬가지다. 인간 두뇌의 언어중추에서 만들어진 전기신호는 성대의 울림, 혀의 모양과 위치, 입술의 개폐 정도를 조절하여 음성신호로 바꿈으로써 대화 상대에게 자신이 의도한 바를 전하게 된다. 즉, 신경세포 사이의 대화인 전기신호나 호르몬신호가 성대나 혀의 근육에 작용해 공기의 울림을 조정하여 음성신호를 만들어냄으로써 사람과 사람간의 대화가 가능하게 된 것이다.

이렇게 시스템 내부의 하위계층의 정보는 미시상태이며, 시스템 외부로 나가는 상위계층의 정보는 거시상태 하나만을 보여준다.

우리는 말을 하는 사람의 성대의 미묘한 울림이나 혀의 움직임 등의 미시상태는 알 수 없지만, 그의 입에서 나오는 음성의 격양된 상태 즉, 거시적인 상태를 보고 그의 기분을 짐작하게 된다.

이처럼 각 계층은 그들이 사용하는 언어가 다르다. 그들은 다른 문자, 다른 문법을 사용하고 있기 때문에 계층간에는 이들을 번역하는 장치가 필요하다. 즉, 단세포 생물이 다세포 생물이 되기 위해서는 계층간의 신호변환이 필요하다. 암이란 질병은 계층간의 신호변환에 문제가 생긴 것으로 볼 수도 있다.

개체에게는 불필요한 세포를 암은 마음대로 만들어내기 때문이다. 그것도 개체 수준에서 내보내는 증식신호를 이용하면서 말이다.

이렇게 정보는 상·하위 계층을 통과하면서 인코딩, 디코딩 과정을 거친다. 이 과정이 원활하지 않을 때 문제가 발생한다. 장군의 작전명령서가 일선 장병에게 전달될 때는 그 명령서가 그대로 전달되어서는 안된다. 중간 관리자들이 일선 병사들의 상황에 맞게 적절하게 해석되고 뺄 건 빼고, 덧붙일 건 덧붙여야 하는 것이다.

그게 잘못되면 병사들은 장군이 자신들을 죽음으로 몰아넣는 작전을 지시했다고 원망하게 되며, 명령을 거부하거나 사기를 잃고 작전을 실패하게 될 수도 있다.

건축도면도 실제 건설현장에서 그 현장 상황에 맞게 해석되어야 한다. 도면이 완벽하게 모든 내용을 상세하게 기록하고 지시하지는 않기 때문이다. 각각의 건축 기술자들이 도면을 보고, 도면대로 건축물이 나오도록 자신의 기술을 최대한 발휘해주어야 하는 것이다.

이렇게 상위 계층의 디지털 정보는 지극히 형식적이고 단순 명쾌하다. 하지만 그것이 실행될 때는 단순한 디지털 정보에 기록되지 않은 암묵적인 내용들을 덧붙여 주어야 하는 것이다.

수학을 학습하는 과정에도 이런 계층 사이의 정보변환이 요구된다. 수학적 개념이나 기호들은 매우 추상적인 상위 계층의 정보다. 이런 내용을 그냥 학생들에게 주입하는 것은 무리이다.

학생들이 처음 배우는 수학 개념이나 기호는 학생 두뇌의 내부에서 질자들의 신호로 변환되고, 분석되고, 비교되어 학생 나름의 이해를 이루어가도록 도와주어야 한다.

선생님이 수학 개념을 설명하고 가르친다고 해서 학생이 무조건 이해할 수 있는 것이 아니다. 학생이 그것을 이해하고 받아들이기 위해서는 학생 자신만의 언어, 학생 자신만의 질자로 대응하고 해석하여 소화하지 않는다면 학생의 것이 되지 않는다.

눈에 보이는 수학기호 뒤에는 눈에 보이지 않는 깊고 풍부한 의미가 숨어있다. 우리는 보통 눈에 보이는 것은 중시하지만, 눈에 보이지 않는 것은 무시하는 경향이 있다.

그래서 수학기호는 열심히 암기하고 중요시하지만, 정작 그 뒤에 숨어있는 그 기호의 의미는 대수롭지 않게 여기며 지나치고 만다. 대부분의 수학선생이나 학생들은 수학책에 쓰여진 기호에 대한 의미 설명문은 대개 한번 읽어보는 정도로 끝난다.

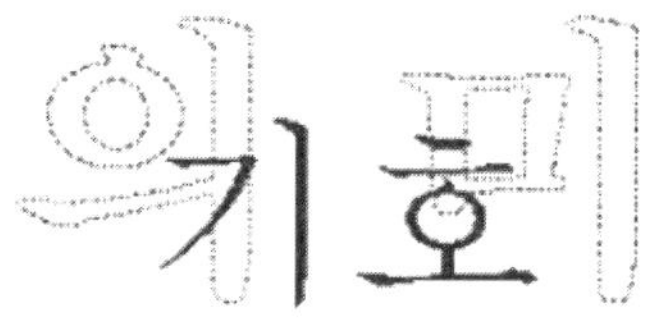

그리고는 곧바로 문제풀이로 들어가 문제를 풀어보기 시작한다. 그래서 답을 맞추었나 못 맞추었나로 일희일비한다. 기호의 의미를 깊이 있게 파악하지도 않고 문제풀이에 바로 들어가서 문제의 답을 맞출 수 있다고 기대하는 것이 더 우습다.

의미도 제대로 모르면서 답을 맞추겠다는 것은 요행을 바라는 마음과 같은 것이다. 수학은 요행이 통하지 않는다. 수학은 분명하고 철저한 학문인 까닭에 기호의 의미를 제대로 파악하지 못하면 단 한 걸음도 앞으로 나가는 것을 허용해 주지 않는다.

기호의 의미는 수학책에 쓰여진 설명이 전부는 아니다. 그 설명을 바탕으로 확실히 자기 것으로 만드는 노력이 이루어져야 한다. 수학기호의 의미 중에는 글로 설명하는 것이 원천적으로 불가능한 것도 있고, 설령 글로써 설명이 가능하다고 해도 그렇게 설명하게 되면 수학책은 10배 100배로 엄청나게 두꺼워져버리기 때문이다.

때문에 수학자들이 수학기호를 설명하는 글을 쓸 때에는 최소한의 문장으로 오해의 소지가 없도록 하는 정도의 아주 간결한 문장으로 설명하고 만다.

때문에 학생들이 그 설명문을 그냥 단순히 읽어보는 정도로는 수학기호의 의미를 완전히 이해하여 자신의 것으로 만드는 일은 쉽게 이루어지지 않는다.

기호의 의미를 깊이 이해하려면 그 반대가 되는 경우도 생각해보고 구체적인 대상도 생각해보는 등의 즐거운 탐구가 이루어져야 한다. 이 책에서는 수학기호의 의미를 깊이 생각하는 방법에 대해 되도록 구체적으로, 원리적으로 설명하려고 한다.

기호의 의미를 깊이 있게 파악하지도 않고 바로 문제풀이로 들어가는 수학공부는 손으로만 하는 수학공부이다. 우리는 수학을 손으로만 가르치고 손으로만 하고 있다. 이것은 결코 올바른 수학교육이 아니다.

올바른 수학교육은 수학기호의 의미를 깊이 있게 음미하고 그것이 과연 옳은지 스스로 검토하고 확인하는 과정을 거치는 것이 진정한 수학교육이다. 즉, 수학기호의 의미를 깊이 있게 음미한다는 것은 손이 아닌 머리로 수학을 하는 것이다. 의미는 머릿속에 있기 때문이다. 우리는 손으로 하는 기호 중심의 수학이 아닌 머리로 하는 의미 중심의 수학을 해야 하는 것이다.

손으로 하는 수학은 단순한 계산술에 지나지 않는다. 컴퓨터가 세계 제일의 체스 챔피언을 이길 만큼 발달했다. 계산술이라면 인간은 도저히 컴퓨터를 이길 수 없다.

그런데도 우리는 계속 미련하게 컴퓨터를 이기기 위해 계산술을 열심히 연마하고 있다. 서점에 가면 수없이 쏟아지는 수학 문제집도 모두 계산술을 익히고자 하는 관점에서 만들어진 것이다.

컴퓨터 시대 이제 우리는 계산술을 익힐 필요가 없다. 머리로 하는 창의적인 즐거운 수학을 배울 때이다.

기호수학	의미수학
손으로 하는 수학	머리로 하는 수학
계산술	논증술
노예수학	귀족수학

4장 | 수와 양

수란 무엇인가?

독일의 대수학자 데데킨트(Julius Wilhelm Richard Dedekind, 1831~1916)는 《수란 무엇인가 무엇이어야 하는가?》라는 제목의 책을 펴낸 적이 있다.

나는 이 책을 보고서 아하 대수학자라도 수가 무엇인지 분명하게 아는 것은 아니구나 하고 안심한 적이 있다. 또 크로네커(Leopold Kronecker, 1823~1891)는 자연수는 신이 만들었다. 그 밖의 모든 수는 인간이 만든 것이라고 말하기도 했다.

이렇게 인류는 고대로부터 필요에 따라 수를 발견하기도 하고 발명하기도 하여 유용하게 사용해왔다. 이제 수학의 가장 기본적이고 중요한 연구대상이었던 수에 대한 이야기를 해본다.

하지만 수의 이야기에 들어가기 전에 수가 태어난 모체가 되었던 양의 이야기를 먼저 해야 한다. 수란 간단하게 말한다면 양의 이름, 추상적인 개념에 지나지 않기 때문이다.

대부분의 학생들이 수를 어려워하고 그 셈법을 잘하지 못하는 것은 수와 양을 혼동하고, 수가 가르키는 실체인 양을 간과한 때문이다. 수가 양의 이름에 지나지 않는다는 것을 확실히 인식하면 수는 매우 쉽고 친근하게 다가오게 된다.

사물들은 다양한 크기를 가지고 있으며, 그것을 우리가 감각할 때 양감이라는 질자를 얻게 된다. 그리고 그 구체적이고 개별적인 양감을 추상화, 일반화하고, 더 나아가 객관화, 기호화한 것이 수인 셈이다. 따라서 수의 의미를 이해하기 위해서는 양에 대한 예리한 감각이 먼저 선행되어야 한다.

우리는 초등학생들에게 만, 억, 조 등의 수를 가르칠 때 수의 이름만 가르치는데 급급하며, 그 수의 의미를 충분히 느끼고, 감상하도록 하는데는 아무런 관심이 없다.

그래서 대부분의 학생들은 억이 만보다 얼마나 더 큰 수인지 말로는 배우지만 실감하지는 못한다. 그런 수에 대한 구체적인 양감(量感)이 없기 때문이다.

큰 수에 대한 양감을 느낄 수 있도록 바닷가의 모래알의 수라든가, 서울시민의 수, 대한민국 전체 인구 등등 구체적인 양을 수로 표현할 수 있어야 한다. 양감을 바탕으로 하지 않는 수는 엉터리

수일 뿐이다.

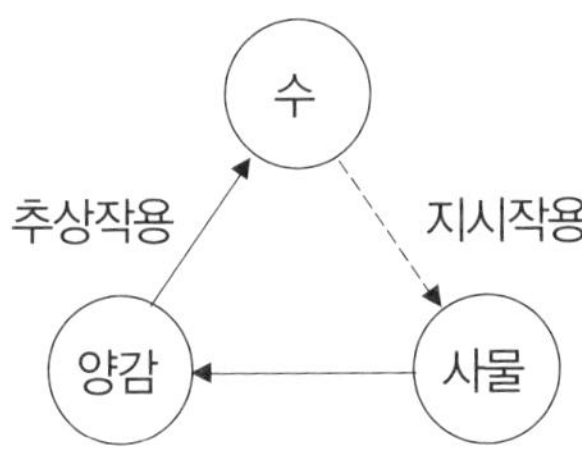

양감은 생존을 위한 본능

물고기의 두뇌는 매우 원시적이다. 물고기의 아이큐는 10도 되지 않는다. 하지만 이런 물고기도 기본적으로 수량을 비교할 줄 안다. 물론 사람처럼 하나, 둘, 셋, 넷 하고 셈을 할 줄 아는 것은 아니지만 말이다.

작은 물고기들은 큰 물고기에게 잡아먹히지 않기 위해 큰 무리를 지어 함께 돌아다닌다. 즉, 혼자 있거나 작은 무리에 있는 것보다는 큰 무리 속에 숨어있거나 함께 움직일 때, 잘 잡아먹히지 않는다는 것을 물고기도 잘 알고 있는 것이다.

그리고 육지에 사는 동물들도 크기를 비교할 줄 안다. 자신보다 작은 동물은 그다지 위험한 동물은 아니거나 자신이 잡아먹을 수도 있다. 반면에 자신보다 큰 동물은 일단 위험한 동물이다. 큰 동물과 막 부닥치면 더 큰 충격을 받는 쪽은 작은 동물이기 때문이다.

아무리 사자라도 자신보다 더 큰 코끼리나 코뿔소는 잡아먹지 못한다. 그 거대한 덩치에 받치기라도 하는 날에는 오히려 자신이 부상당하거나 죽기 때문이다.

그래서 동물들은 모두 기본적으로 자신보다 큰 동물이나 작은 동물을 비교하고 구분할 줄 안다. 이렇게 수량을 측정하고 가늠하는 능력은 생물들의 생존본능인 것이다.

어린아이들도 배우지 않았지만 본능적으로 수량을 파악할 줄 안다. 과자도 보다 큰 과자를 더 좋아하고, 무엇이든지 큰 것, 많은 것을 선택한다.

마찬가지로 인간도 살아가기 위해서는 늘 크기를 비교한다. 생존을 위해 양을 가늠하고 측량하는 것은 기본 중의 기본인 것이다. 즉, 양의 성질을 잘 파악하는 것이 생존에 중요한 것이다.

이처럼 모든 것의 의미는 자기로부터 시작된다. 자기자신을 기준으로 하여 우리는 여러 가지 양을 늘 측정하고 비교한다. 그렇게 하는 이유는 자기 자신이 잘 살기 위해서이다. 자기 자신에게 도움이 되기 때문에 양을 측정하는 것은 비로소 의미가 생기는 것이다.

다음 이야기에서는 양으로부터 수가 파생되는 이야기를 하는데 그것도 자신의 필요 때문이다. 수를 사용하는 것이 직접 양을 측정하는 것보다 여러 가지로 편리한 점이 있기 때문이다.

▍양감을 바탕으로 한 수 교육

요즘 유치원생들은 100은 물론 1,000까지 배운다. 하지만 나는 이 아이들이 과연 100이나 1,000이란 수를 이해할 수 있는지 의문이다.

앞에서 동물들도 수량을 안다고 했는데 그런 것을 양감(量感)이라고 한다. 양감은 계측기구 등을 사용하지 않고 양의 크기를 대강 파악하는 감각이다.

이 양감을 어릴 적에 충분히 키워주는 것이 수학교육의 바탕이며 기초이다. 아직 양감이 잘 발달하지 않은 유치원생들에게 고단위의 수를 가르치는 것은 무의미하다. 이는 마치 기린이란 동물의 모습을 보여주지 않으면서 '기린'이란 단어를 가르치는 것처럼 효과적인 학습법이 아니다.

7~11세의 아동은 3, 4개의 소수의 물건들을 셈하지 않고 한눈에 몇 개인지 정확히 지각할 수 있다. 이런 능력을 직관산(subitizing)이라고 부른다.

이 직관산은 아마도 단기기억능력에 의해 좌우될 것이다. 되도록 어릴 적에 이 직관산이 발달하도록 도와주는 것이 의미도 모르는 숫자를 가르치는 것보다 더 중요하다. 그리고 폭넓은 다양한 양감을 길러주는 것도 중요하다.

양감이 잘 발달한 아이는 수도 쉽게 이해할 수 있다. 양감을 바탕으로 하지 않은 수 교육은 아이들의 흥미를 끌기 어렵다. 그래서 수 교육을 하기 전에 양에 대해 알아보고, 양감을 키우는데 관심을 기울여야 한다. 양감은 수의 의미가 되기 때문이다.

어린이들이 놀면서 공부한다는 것은 이런 의미이다. 아이들은 여러 가지 놀이를 통해서 양감을 예민하게 키우는 것이다. 높은 곳에서 뛰어내리기 놀이로 다치기도 하지만, 어느 정도 높이가 얼마만큼의 충격을 몸에 주는지 아이들은 체험하고 싶은 것이다.

아이들은 직접 몸으로 온갖 것을 체험하려고 한다. 뜨거운 것 차가운 것, 딱딱한 것 부드러운 것, 그렇게 몸으로 체험해야만 그것이 의미를 갖기 때문이다. 수도 마찬가지여서 수를 배우기 전에 구체적인 양을 직접 보고, 만지고, 느껴야 깊고 풍부한 양감이 몸 속 깊이 각인되는 것이다.

수없이 많은 사물들을 보면서 그것들이 얼마나 많은지 적은지, 무거운지 가벼운지 직접 비교해 보는 경험을 충분히 해야만 한다.

학생들은 1kg, 1리터 등을 배우지만 실제로 1kg의 물체를 들어 보고 그것이 얼마나 무거운지, 1리터의 물을 마셔보고 그것이 얼마나 많은 양의 물인지 체험한 적은 없다. 그래서 1kg이 실감나지 않고 1리터가 무엇인지 모른다.

이 구체적인 양감은 보다 추상적인 수학적 개념들을 이해하는 바탕이 되어간다. 기초가 튼튼한 집은 높게 지을 수 있는 것이다. 양감이 깊고 튼튼하게 몸에 밴 학생은 어려운 수학 내용도 쉽게 받아들이고 이해할 수 있게 된다.

▌양의 종류

미국의 심리학자 손다이크(Edward Lee Thorndike, 1874 ~ 1949)에 의하면, 일반적으로 존재하는 것은 모두 양적으로 존재한다고 한다. 어떤 존재라도 양적으로 0이면 존재할 수 없다.

귀신은 그 몸무게가 0이다. 고로 귀신은 존재할 수 없는 것이다. 이렇게 모든 존재의 기본 특성으로 양이 있는 것이다. 사물의 성질 중에 질이라는 것도 있지만, 질도 결국에는 여러 가지 양들의 조합으로 볼 수 있다고 한다.

양(quantity)이란 공간을 차지하는 크기의 정도를 비교한달지, 측정하는 것이다. 즉, 비교하고 측정하지 않는다면, 그것은 양으로서 의미가 없다. 다시 말하여 어떤 크기의 대상이 있는데, 그 크기가 어느 정도인지 가늠할 수 없다면 그 크기라는 것은 의미가 없기 때문이다.

우리가 비교하고 측정하는 양의 종류를 분류해 보면 우선 크게 분리량과 연속량으로 나눌 수 있다.

```
        ┌ 분리량 - 외연량
    양 ─┤           ┌ 외연량
        └ 연속량 ─┤           ┌ 율
                    └ 내포량 ─┤
                                └ 도
```

분리량이란 측정 대상 하나 하나가 분리되어 있어서 그 개수를 셈할 수 있는 것이다. 반면에 측정 대상이 연속되어 있어서 연속적인 비교를 할 수 있는 양을 연속량이라고 한다.

분리량의 단위는 1이다. 반면 연속량의 단위는 없다. 때문에 사람들이 인위적으로 그 단위를 결정한다. 그래서 길이의 단위, cm, m, 척(尺), 무게의 단위 g, 파운드 등을 만든다.

연속량은 다시 외연량과 내포량으로 나뉜다. 외연량이란 밖으로 드러난 크기, 길이, 면적, 무게, 각도 같은 양이다. 반면 안쪽에 숨어있는 강도를 표현하는 양으로써 내포량이 있다. 원주율, 이자율, 밀도, 온도, 속도 등은 내포량이다.

외연량과 내포량의 차이는 덧셈이 성립하는가의 여부에 달려있다. 여기서 덧셈을 한다는 것은 수치를 더하는 것이 아니라 그 사물을 더한다는 것이다.

사물의 길이, 질량 등은 덧셈이 성립하는 외연량이다. 반면 2℃의 물 더하기 2℃의 물의 온도는 여전히 2℃로 덧셈이 성립하지 않는다. 분리량도 모두 덧셈이 성립하기 때문에 외연량이다.

내포량은 여러 외연량의 조합으로 나타내기도 한다. 밀도는 부피라는 외연량과 질량이라는 외연량의 나누기로 나타낸다. 즉,

$$\text{밀도} = \frac{\text{질량}}{\text{부피}} \text{ 이다.}$$

내포량은 같은 종류의 두 양의 비율인 율(率)과 다른 종류의 두 양의 비율인 도(度)로 구분된다. 연속량은 그 측정 방법에 의해 물리량과 감각량으로도 구분할 수 있다. 냄새나 맛 등의 감각량은 물리적인 측정방법이 아직은 없기 때문에 인간의 감각에 의해서

만 측정된다.

이렇게 양의 종류가 있듯이 이 양의 이름인 수도 당연히 그 성질은 크게 다를 수밖에 없다. 하지만 양을 바탕으로 하지 않고 수를 배우기에 학생들은 자연수와 분수의 본질적인 차이를 모른다. 즉, 같은 1이라도 분리량을 나타내는 1인지, 연속량을 나타내는 1인지 구분하지 못하는 경우가 많다. 그래서 그냥 숫자끼리 계산하는데 급급하며 이상한 풀이를 하게 된다.

이제 수를 볼 때에는 그 수가 분리량을 나타내는 수인지, 연속량을 나타내는 수인지 분명히 파악한다면, 수학공부는 즐거운 놀이로 변하게 된다.

수의 탄생

태초에 양이 먼저 있었다. 처음에는 이 양을 직관적으로 파악하였다. 하지만 점점 세상이 복잡해지면 직관적으로 양을 파악하는 데는 한계가 있음을 알게 되었다.

인간의 언어에는 양에 대한 단어가 많다. 크다 작다, 많다 적다, 길다 짧다, 무겁다 가볍다 등등이다. 하지만 이 정도의 단어로는 보다 정교한 비교를 필요로 하는데는 불충분하다.

사람들은 직관적으로 5내지 7개까지는 한눈에 알아볼 수 있다고 한다. 하지만 그 이상이 넘어가면 정확한 개수를 한눈에 파악하기 어렵다.

눈앞을 휙 하고 지나가는 버스에 승객이 몇 명 타고 있는지 파악하기란 무척 어렵다. 적은 수의 승객이 타고 있다면 알 수도 있지만, 많은 사람이 타고 있을 때는 짐작하는 수밖에 없다.

고대 원시인들이나 아프리카의 원시적인 부족들은 물건의 개수를 셈할 때 하나, 둘, 셋까지는 셈하지만 그 이상이 되면 그저 많다고 표현한다고 한다. 즉, 7개도 많고 10개도 많은 것으로 똑같이 취급한다는 이야기다. 이렇게 되면 문제가 생긴다.

이것은 물물교환을 할 때를 생각해보면 분명해진다. 양 한 마리에 물고기 10마리 정도를 바꾼다고 할 때, 3 이상을 셀 수 없는 원시인들은 이러한 거래에서 손해를 보거나 거래가 불가능하게 된다.

이래서 보통의 언어로는 나타내기 어려운 여러 가지 양을 수학이라는 언어는 수라는 이름들을 지어줌으로 각각의 양을 정확하게 표현하는 것이다.

수학은 양을 표현하는 편리한 기호들을 많이 고안하여 적절하게 표현한다. 즉, 양을 좀 더 정확하고 다양하게 표현하기 위해 수라는 특별한 언어가 등장했다고 할 수 있다.

물건의 개수를 나타내는 숫자는 물건의 모든 특징을 제거하고, 오로지 수량만을 나타낸 것이다. 예를 들어 2라는 숫자는 별이 두 개, 오리 두 마리, 집이 두 채, 옷이 두 벌 등등 이 세상에 두 개인 모든 것을 나타내는 추상적인 기호이다.

양에서 수가 탄생하는 과정

기호는 대상의 이미지를 간략화 추상한 것이다. 아날로그 정보인 이미지는 정보량이 커서 이를 직접 조작하는 것은 비효율적이기에 먼저 대상의 중요한 특징을 모방한 단순한 싱징물로 대체한다.

그리고 더 나아가 아예 기호로 추상해버린다. 그리고 이런 기호들의 조작을 통해 결과를 예견하는 것이다. 아날로그 정보가 직접적이라면 디지털 정보는 간접적인 것이다.

▎일대일 대응

원시인들이 물물교환을 할 때에 처음에는 그냥 막연히 많다, 적다라고 비교해도 충분히 서로 만족했을 것이다. 하지만 점점 많으면 얼마나 많은지, 적으면 얼마나 적은지 분명히 파악해야 할 필요가 생겨난다.

왜냐하면 물물교환만 전문적으로 하는 사람들 즉, 장사꾼이 생겨나기 시작했기 때문이다. 장사꾼은 직접 상품을 생산하지는 않고 다른 사람이 생산한 상품을 싼값에 사서 비싼 값에 팔아 이득을 얻어야 하기 때문이다.

그래서 보다 정확히 수량을 맞추어 물물교환을 해야 한다. 하지만 아직 숫자가 발명되지 않은 원시시대에 어떻게 많고 적음을 정확히 비교할 수 있었을까? 그것은 바로 일대일 대응이다.

사람들은 작은 돌멩이를 담은 주머니를 들고 다니다가 사물의 수효를 알아보아야 할 때, 그 사물들과 돌멩이들을 1:1로 짝지어 짝지어진 돌멩이의 수로 사물의 수를 대신 파악한 것이다.

이 원시적인 방법은 오늘날의 현대인들도 곧잘 사용한다. 여러 가지 물건을 실어내거나 할 때, 그 수량을 세는 것이 귀찮아 짝지

어 내보낸다. 그렇게 짝을 지어 실어내면 남는 것, 부족한 것을 그냥 알 수 있기 때문이다.

원시인들은 돌멩이만이 아니고, 막대에 금을 긋거나, 새끼줄에 매듭을 짓거나 손가락을 꼽아가며 사물의 많고 적음을 정확히 가늠할 수 있었다.

하지만 이것도 귀찮고 불편할 수가 있다. 늘 무거운 돌멩이 주머니를 차고 다닐 수도 없고, 그것을 남에게 보여주며 물건의 수량을 설명하는 것도 번거롭다. 머릿속에 수량의 이름을 기억해 둔다면 언제든지 물건의 수량을 바로 알 수 있다.

그래서 사람들은 수량의 이름인 수사 즉, 하나, 둘, 셋 하고 말로써 물건의 수량을 세는 방법을 발명해냈다. 수사만 외우고 있으면 이제 귀찮게 돌멩이 따위를 가지고 다닐 필요가 없는 것이다. 그리고 이 수사를 문자로도 나타내었다. 그것이 숫자인 것이다.

고대 문명권은 각자 나름의 편리한 숫자를 발명해냈다. 고대 이집트인들은 다음과 같은 그림문자를 숫자로 사용하였다는 것을 영국의 린드(Alexander Henry Rhind, 1833~1863)가 발견한 린드 파피루스를 보면 알 수 있다.

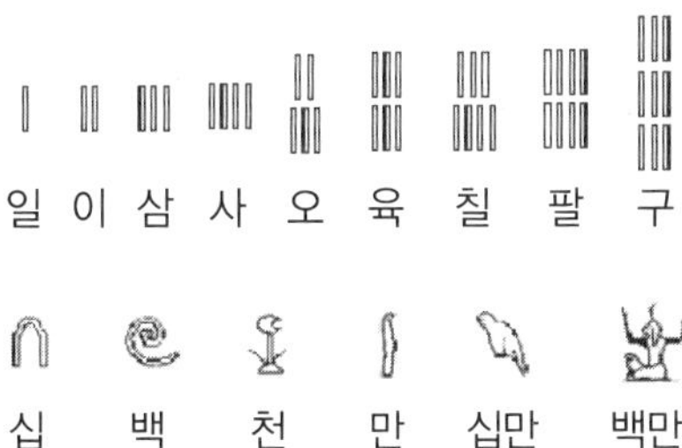

하나 하나 막대기 개수를 그대로 숫자로 나타내어 바로 얼마인지 알 수 있는 편리한 숫자이다. 하지만 이런 그림 숫자는 큰 수를 나타내는데는 번거롭고 불편하다. 더구나 새로운 수를 나타내려면 새로운 그림문자가 계속 필요하다.

그런 불편을 해소하고 얼마든지 큰 수도 나타낼 수 있는 숫자는 바로 오늘날 전세계에서 사용하고 있는 인도－아라비아 숫자이다.

이 수 체계는 0이란 독특한 숫자를 사용하여 위치에 따라 십진 단위로 수를 나타내기 때문에 모두 열 개의 숫자만으로 그 어떤 수라도 나타낼 수 있는 것이다.

인류가 구체적인 양으로부터 수라는 추상적인 개념을 얻고 나서 이 수라는 개념을 표현하기 위해 숫자를 발명하게 되었다. 그것이 고대 이집트의 숫자, 바빌론의 쐐기문자 숫자 등등 여러 문명권마다 독특한 숫자를 개발해냈다.

그런 숫자들은 그 편리성을 두고 경쟁하면서 결국 0이라는 숫자를 가진 인도－아라비아 숫자가 가장 편리하고 필산을 바로 할 수 있다는 효율성으로 전세계 모든 사람들이 사용하게 되었다. 숫자의 천하통일인 셈이다.

연속량과 분수

크고 작은 두 마리의 물고기가 있다. 자연수만의 세계에서는 두 마리의 물고기는 그 크기와는 상관없이 똑같이 한 마리의 물고기이다. 하지만 사람들은 보다 큰 물고기만을 선호한다.

이렇게 세상의 사물들은 자연수만으로 충분히 표현하는 것이 어렵다. 길이와 같은 연속량은 그것을 제대로 표현할 수 있는 새로운 수가 필요한 것이다. 그래서 분수라는 새로운 수를 도입해야 한다.

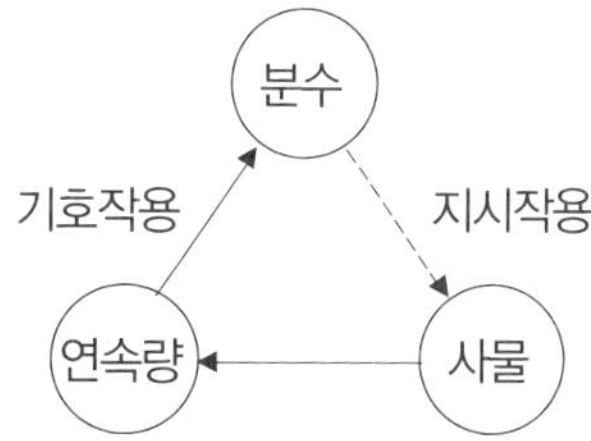

독일의 수학자 클라인(Christian Felix Klein, 1849~1925)은 분수에는 관계, 조작, 양이라는 3가지 의미가 있다고 말했다. 하나의 전체를 n 등분한 것 중에 1개를 나타내는 분수를 분할(조작)분수라고 한다.

초등 3학년 3-가 수학교과서에서 처음으로 분수를 소개하는데 이 분할분수를 사용하여 설명한다. 설명하는 선생님 쪽은 간단하고 좋지만, 그렇게 처음으로 분수의 셰마(도식)를 머릿속에 형성한 어린 학생들은 나중에 분수의 셈법에서 어려움과 혼란을 겪게 된다.

원래 분할분수는 내포량이기 때문에 덧셈을 할 수 없는 데다, 원을 등분한 이미지를 가지고 덧셈을 머릿속에서 이미지화하기도 간단한 문제가 아니기 때문이다.

때문에 분수의 도입은 연속량의 비교로부터 자연스럽게 도입하는 것이 바람직하다. 즉, 연속량을 단위량으로 측량할 때, 나머지 부분을 어떻게 해야 하는가 하는 문제로부터 자연스럽게 양분수를 설명하는 것이다.

이렇게 분수개념을 정착시킨 다음에 분할분수나 비율(관계)분수로 확장해 나가는 것이 바람직하다. 대부분의 초등학생 5, 6학년 생들은 분수셈을 잘하지 못한다.

그래서 중학생이 되어도 여전히 분수셈을 하지 못하는 학생들이 많다. 심지어 고등학생들 중에도 분수셈에 자신이 없는 학생들이 적지 않다.

처음 잘못 도입된 분수의 개념은 이렇게 오래도록 후유증을 남기게 된다. 이런 것이 학생들로 하여금 수학을 싫어하게 만드는 근본적인 이유이다.

수학책과 교수법이 잘못되어 학생들이 수학을 못한다는 것이 이렇게 분명하게 밝혀졌다. 하지만 우리네 교육자들은 이점을 반성하지 않고, 잘못된 교과서와 교수법을 계속 고집하고 있다.

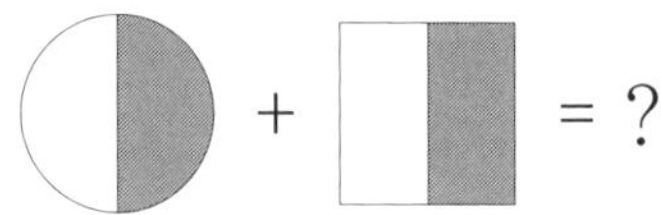

방향이 붙은 수

세상에 존재하는 사물은 양적으로 존재한다고 말했다. 하지만 그 사물이 갖는 의미에는 양적인 측면만 있는 것은 아니다. 혼자 있을 때는 사물의 크기만 생각해도 충분하다.

하지만 두 사람이 있으면, 사물의 크기만이 아니고 그 사물의 소유주가 누구인가 하는 방향도 생각할 수 있다. 즉, 세 마리의 강아지가 있다면, 이 강아지의 수량을 표현하는데 3이라는 숫자로 충분하다.

하지만 우리 집에 있는 3마리의 강아지와 남의 집에 있는 세 마리의 강아지는 엄연히 다르다. 이렇게 양에 어떤 방향까지 따져야 하는 경우가 생긴다.

음수를 처음으로 생각해낸 사람들은 중국의 수학자들이다. 그들이 음수를 자연스럽게 생각해낼 수 있었던 것은 음양이론이라는 동양의 철학이 있었기 때문이라고 한다.

중국인들은 세상의 만물을 크게 양적인 성질을 가진 것과 음적인 성질을 가진 것으로 구분하였다. 예를 들어 태양은 양이며 달은 음, 남자는 양이고 여자는 음, 재산은 양이며 빚은 음, 이런 식으로 구분하는 버릇 때문에 당연히 수에도 양수와 음수가 있다고 생각한 것이다.

이것은 음양론을 믿는 중국인에게만은 아니고, 사실 세상의 사물들에는 분명히 그런 측면이 있다는 것을 누구나 납득할 수 있다. 그래서 사물의 양을 나타내는데, 그 크기만이 아니고 방향도 동시에 생각할 필요가 있다. 그래서 크기만을 나타내는 자연수나 분수와는 다른 새로운 수가 등장하게 된 것이다.

정수란 간단히 말해서 양(量)에다가 방향을 붙인 수인 것이다. +, −기호는 양수 음수의 기호라기보다 방향에 지나지 않는다는 것을 확실히 알아둘 필요가 있다. 우리는 양수와 음수의 크기를 비교하는 잘못도 하고 있다.

자연수에서 크기 비교를 배운 학생들이 정수의 크기 비교를 배우는데, 아무런 설명도 없이 그저 음수는 양수보다 작다고만 설명한다. 그리고 학생들에게 이러한 혼동마저 안겨준다. 결국 양수는 자연수와 같은 것이 아닌가 하는 혼동이 그것이다. 때문에 결국 이런 문제에 봉착한다.

아무것도 없는 0보다 작은 수 음수?! 아무것도 없는 0보다 작은 존재가 있을 수 있다는 말인가? 이것은 자연수를 양수와 동일한 것으로 생각했기 때문에 생기는 잘못이다. 자연수의 연장선상에 0이 있고, 그리고 그 앞에 음수가 있기에 0보다 작은 음수를 납득하기 어렵다.

자연수에서의 크기 비교는 말 그대로 크기만 비교하지만, 정수에서의 크기 비교는 방향을 비교하는 것이다. 즉,양수가 음수보다 크다는 것은 음수가 양수보다 뒤쪽 방향에 있다는 의미로 이해하면 된다.

앞에서 말한 것처럼 자연수는 신이 만든 스스로 존재할 수 있는 수이다. 하지만 인간이 만든 음수는 혼자서 존재할 수 없는 수이다.

음수는 적어도 두 사람의 관계 속에서 등장하는 수이다. 즉, 음수는 기준이라는 것이 있을 때에만, 의미를 갖게 되는 수인 것이다. 그 기준은 바로 0이다. 여기서 0은 없다는 의미의 수가 아니다. 이쪽도 저쪽도 아닌 기준이라는 의미인 것이다.

이제까지 0의 의미는 단지 없다는 의미밖에 없었지만, 음수라는 새로운 수가 등장하면서 0은 기준이라는 새로운 의미를 갖게 된 것이다.

무리수와 실수

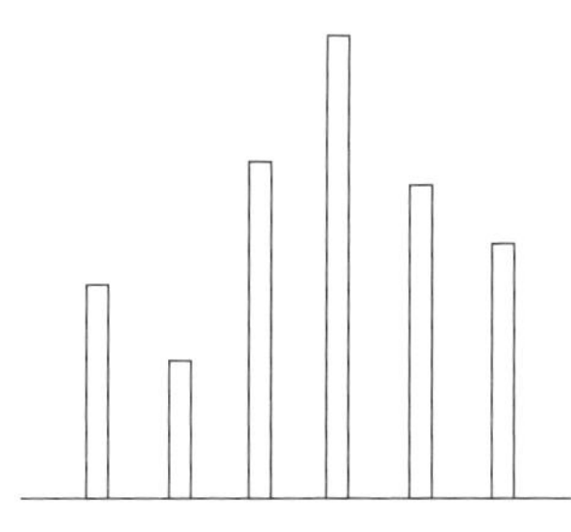

그림과 같은 여러 가지 길이의 막대 길이를 수로 모두 나타낼 수 있을까? 이렇게 연속적인 막대의 길이를 수로 나타낼 때 자연수나 분수로는 부족하게 된다.

1장에서 말한 것처럼 피타고라스 정리에서 $\sqrt{2}$라는 이상한 수가 생겨났다. $\sqrt{2}$를 그림에서처럼 수직선 위에 나타내보면 1보다는 크고 1.5보다는 작은 수라는 것을 알 수 있다.

보통 수직선상의 연속된 점들을 분수나 소수를 사용하여 모두 나타낼 수 있다고 생각한다. 즉, 길이가 1인 선분을 절반으로 자르면 1/2(＝0.5)이고, 또 그것을 절반으로 자르면 1/4(＝0.25)이다.

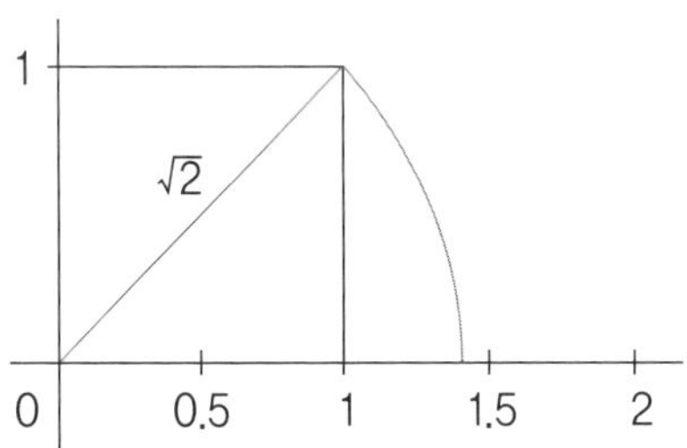

이런 식으로 얼마든지 수직선상의 점들을 분수나 소수로 모두 나타낼 수 있다고 생각하기 십상이다. 하지만 $\sqrt{2}$는 분수가 아니다. 그리고 소수로 나타내려고 해도

$$\sqrt{2} = 1.41421356237309504880168887242097\cdots$$

처럼 계속해서 무질서하게 새로운 소수가 한없이 나타난다. 대부분이 그렇겠지만 필자도 중 2학년 때 처음 무리수란 것을 배웠다. 하지만 그때의 당혹감은 너무도 깊이 남아있다.

무리수를 가르치던 수학선생님은 우리들에게 무리수가 어떤 수라는 것을 제대로 이해시켜주지 않았다. 그저 외우는 것이 전부였다. 루트 2는 1.4142… 하는 식으로 말이다.

제곱해서 2가 되는 수가 루트 2이다. 이것이 설명의 전부라는

기억뿐이다. 그래서 무리수 루트 2는 수가 아닌 일종의 수식처럼 느껴지기만 했다.

하지만 무리수 루트 2가 수직선의 길이를 나타내는 수라는 것을 안다면 훨씬 친근감있게 다가온다. 무리수도 연속량의 이름에 지나지 않은 것이다.

이 새로운 수를 표현하기 위해 $\sqrt{\ }$라는 새로운 기호를 도입하게 되는데는 영어단어 root의 r모양을 변형시켜서 만들었다. 이렇게 해서 이제 모든 연속량을 수로써 완벽하게 표현할 수 있게 되었다.

유리수와 무리수로 이루어진 실수는 고교 수학에서 매우 중요하게 다룬다. 하지만 대부분의 학생들이 이 실수의 중요성을 잘 모르는 체로 넘어간다.

일반적으로 우리가 눈으로 볼 수 있다고 해서 표현까지 가능한 것은 아니다. 누구나 멋진 춤이나 운동 폼을 감상할 수는 있다. 하지만 자신이 직접 그렇게 멋진 춤이나 동작을 할 수 있다고 장담할 수 없다. 그럴려면 피나는 훈련을 해야 한다.

누구나 연속량을 직관적으로 볼 수는 있다. 하지만 어떤 연속량이라도 마음대로 표현하는 것은 쉬운 일이 아니다. 실수를 모른다면 그렇다는 이야기다.

인류가 실수라는 수체계를 얻었다는 것은 연속량을 볼 수 있을 뿐만 아니라 자유자재로 어떤 연속량이라도 수로써 정확하게 표현할 수 있게 되었다는 것을 의미한다. 실수는 연속량을 표현하는 완벽한 언어라는 의미이다.

이것은 더 나아가 연속적으로 변하는 변화를 수로 표현하고 수학적으로 연구할 수 있게 되었다는 것을 의미한다. 즉, 변화의 수학 함수는 실수라는 수체계가 등장해야 본격적인 연구가 가능하다고 말할 수 있다. 실수는 함수를 낳은 모체인 것이다.

우리는 학생들에게 수학을 가르치면서 그 내용이 수학에서 어떤 의의가 있는지 설명해주지 않는다. 이유는 선생 자신도 모르기 때문이다. 공부하지 않는 수학선생들이 수학교육을 망치고 있는 것이다.

2차원의 양을 나타내는 수 - 허수

이제까지의 양은 1차원적인 양이다. 양이란 크기순으로 나열할 수 있는 순서구조를 가지며 1차원적으로 나열된다. 하지만 세상에는 1차원의 양만으로는 어떤 현상을 나타내는 것이 부족할 때가 있다. 즉, 2차원의 양이 존재한다. 2차원을 수로 나타내는 방법은 좌표축을 만들어 순서쌍으로 나타내기도 한다. 하지만 순서쌍은 하나의 수가 아니다. 2차원의 양을 하나의 수로 나타내는 묘안이 없을까?

그래서 등장하게 되는 수가 허수라는 이상한 수이다. 역사적으로 허수는 방정식 문제에서 등장하게 된다. 앞에서 수는 양의 이

름이라고 말했다. 즉, 수는 실재하는 양의 크기를 나타내는 이름
으로서 주어진 것이다. 이렇게 세상사는 먼저 양이 존재했고, 그
양으로부터 자연수, 분수, 음수 등의 실수가 태어났다. 그리고 그
수로부터 수식이나 방정식이 탄생한다.

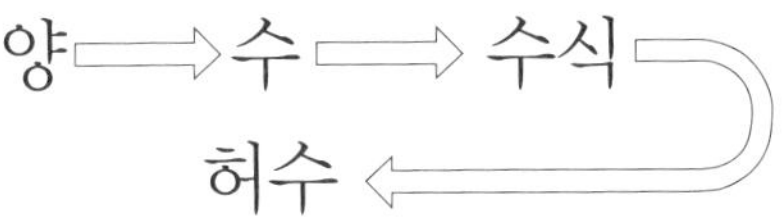

그런데 이제 그 흐름이 역이 되어 수식이나 방정식이 새로운 수
를 만들어낸다. 그 수는 바로 허수이다. 허수는 실재하는 어떤 양
을 나타내는 수가 아니다.

실재하는 양을 나타내는 수는 실수까지이다. 허수는 방정식의
해답을 갖추어주기 위해 그냥 만들어낸 수이다. 방정식을 위해 만
들어낸 수라는 것이다.

이는 마치 자식이 어미를 만들어낸 것 같은 기묘한 일이다. 허
수를 수로서 받아들이는데 거부감을 느끼는 사람들은 수학자들은
자신들이 필요하면 유령이든, 도깨비든 아무거나 마구 만들어내
는 사람들인가 하는 생각이 들지도 모르겠다.

사실 수의 세계는 방정식과 밀접하게 관련되어 있다. 방정식
$x + 1 = 0$의 답은 $x = -1$로 자연수 범위에서는 답을 찾을 수 없다.
그래서 정수의 세계로 수의 세계가 확대된다.

계속해서 방정식 $2x = 1$의 답은 $x = 1/2$로 정수에서는 답이 없
다. 그래서 유리수가 필요하다. 방정식 $x^2 = 2$, $x = \sqrt{2}$로 무리수가

된다. 여기까지가 실수의 세계이다.

그리고 방정식 $x^2 = -1$ 의 답을 구하기 위해 허수가 도입된 것이다. 사실 1545년 이탈리아의 수학자 카르다노(Girolamo Cardano, 1501~1576)는 3차방정식을 풀기 위해 음수의 제곱근인 허수의 개념을 주장하고 있다.

17세기에 데카르트는 허수(imaginary)라는 용어를 사용하였고, $\sqrt{-1} = i$라는 기호를 처음 사용한 사람은 오일러(Euler, 1707~1783)이다.

그후 수많은 수학자들이 허수를 본격적으로 수학의 여러 분야에 활용하면서 확실한 수학적 개념으로 자리를 잡게 되었다. 오늘날에는 이 가상의 수 허수가 기묘하게도 실제적인 실용성도 있다는 것이 드러났다. 원자 이하의 미시세계는 확률적인 행동을 하는데 그 확률을 허수로 표현하는 것이다.

▌4원수 – 복소수보다 더 넓은 수의 세계

1차원 직선 상에서 회전은 음수를 곱하는 것으로 이루어진다. 그리고 2차원 평면상에서 회전은 허수를 곱하는 것으로 되었다. 그렇다면 3차원 공간에서 회전은 무엇이 필요할까?

이렇게 늘 더 넓은 세계로 확장하여 일반적인 성질을 얻으려는 것이 수학자들의 기벽(奇癖)이다. 2차원 평면 내의 회전은 실수와 허수라는 2변수만 있으면 일의적으로 결정된다. 그리고 곱셈의 교환법칙도 성립한다.

해밀턴

그렇다면 3변수만 있으면 3차원의 회전을 나타낼 수 있을까? 하지만 오랜 동안 수학자들이 고심해도 그런 것을 찾아내지 못했다. 드디어 영국의 천재수학자 해밀턴(William Rowan Hamilton, 1805~1865)이 3차원 공간상에서 회전은 4원수(1, i, j, k)가 필요하다는 것을 보였다. 하지만 이 수체계는 기묘하게도 교환법칙이 성립하지 않는다.

4원수의 발명으로 수학은 또 한번 크게 도약하였다. 벡터해석과 행렬대수라는 새로운 수학이 발전한 것이다. 4원수는 오늘날 3차원 컴퓨터 그래픽에 활용된다. 여러분이 즐기는 3차원 컴퓨터 게임은 4원수가 없었다면 만들기 어려웠다는 것도 알아두자.

1845년 케일리(Arthur Cayley)는 4원수에서 결합법칙을 포기하여 8원수 체계를 얻었다.

더욱이 16원수까지 수의 세계는 확대되었다. 이외에도 수의 개념은 여러 각도에서 더 폭넓게 확대되어 갔다.

농도의 개념으로, 초한순서수로, 초실수로, 이데알로 수의 개념은 어디까지 가게 될까? 그것은 미래의 수학자들 몫이다. 수가 무엇이어야 하는지 데데킨트의 물음은 계속될 것이다.

더 이상 셀 수 없는 수 무한대

0이라는 기묘한 수는 인류에게 인도 – 아라비아기수법이라는 편리한 기수법만 가져다준 것에 그치지 않았다. 수를 처음 배운 어린이들이 하는 가장 큰 수 말하기 게임이 있다.

이 게임은 싱겁게도 먼저 수를 말하는 사람이 진다. 왜냐면 상대방의 수보다 1이 더 큰 수를 말하거나 0을 하나 더 붙인 수를 말하면 되기 때문이다.

이렇게 0 때문에 인류는 얼마든지 큰 수를 상상할 수 있었고, 그 상상의 너머에 있는 가장 큰 수, 더 이상 클 수가 없는 수, 무한대를 발견하게 해주었다.

$$100000000000000000000000000000000000\cdots\cdots = \infty$$

무한은 흔히 신의 속성이라고 한다. 반면 인간은 모든 것이 유한하다. 힘도 유한하고, 생명도 유한하며, 돈도 유한하다. 아무리 세계 최고의 부자라 해도 전 세계인이 배고프지 않게 밥을 사 먹일 수는 없다.

유한한 존재인 인간은 그 한계에 부닥쳐 절망할 수밖에 없다. 그래서 무한한 능력을 자랑하는 신을 부러워하고, 신에게 의지하며, 기도하는 것이다.

어쨌든 이렇게 인간은 신의 속성인 무한이 있을 수 있다는 것을 아무것도 없는 0이라는 수를 통해 알게 되었다. 역시 극과 극은 통하는 데가 있는가 보다.

집합을 왜 배워야 하나? - 집합에 대한 불만

이제까지 수학을 공부해온 학생들이 갑자기 집합이라는 것을 접하게 되면 무척 당혹스러워진다. 수학은 수나 도형의 학문이라고 알고 있었는데, 생뚱맞게 집합이라니 이런 것을 배워서 어디에 써먹는단 말인가?

사실 수학책 어디에도 왜 집합이라는 것을 공부해야 하는지 그리고 그것이 어떤 쓰임새가 있고, 어떻게 활용하는 것인지 아무런 설명이 없다. 그냥 교과서에 실려있으니 익혀두라는 것뿐이다.

이렇게 수학은 첫 장부터 불친절하고, 불쾌하기 그지없다. 더욱 가관인 것은 공집합($\varnothing$)이라는 집합 같지도 않은 것을 버젓이 집합이라고 우긴다는 것이다. 그리고 전체집합의 여집합이 공집합이 며, 공집합의 여집합은 전체집합이라는 어거지를 계속해서 부린 다는 점이다.

부분집합이니, 교집합, 합집합, 드모르간의 법칙 등을 배우고, 원소의 개수, 부분집합의 개수를 구하는 것도 배운다. 하지만 우 리는 일상생활에서 이런 지식을 단 한번도 사용하지 않는다.

그것도 좋다. 더 웃기는 것은 수학책에서도 다음 단원으로 넘어 가면서 이렇게 어렵게 배운 지식들을 거의 사용하지 않는다는 데 있다. 수학자 자신도 사용하지 않는 것을 학생들에게 강요하듯이 가르치다니 마치 우롱당하는 느낌이다.

집합단원을 벗어나면 그다지 사용하지도 않는 것을 구태여 배 워야 하는 이유가 뭐란 말인가? 그리고 중학교에서 배운 내용을 그대로 다시 고등학생이 되어 복습하게 된다. 도대체 이런 낭비와 중복을 왜 하는 걸까?

사실을 말하자면 집합론은 오늘날 현대 수학의 근간이 되어 있 다. 그러니 무조건 꼭 이런 것이 있다는 것을 미리서 알아두라는 의도로 중고교생에게 가르치는 것이다.

앞으로 대학에 들어가서 더 심오한 여러 과학적 이론을 배울 때 필요하며, 한번 익혀둔 내용이라 거부감을 덜 느끼게 도와준다는 친절한 배려인 것이다.

이 어리석은 친절한 배려가 오히려 수학 기피증을 심화시키고 있다는 것을 모르는 바보들인 것이다. 집합개념을 고교 수학과정에서 전반적으로 사용할 것이 아니라면, 차라리 소개하지 않는 편이 나을 수도 있다. 과한 것은 미치지 않은 것만 못하기 때문이다.

하지만 어쨌거나 집합을 알아두어야 하니 집합에 대해 그 역사적 배경부터 살펴보자. 이왕 알아두어야 할 거라면 철저히 확실하게 알아두는 게 앞으로 크게 도움이 될 것이다.

집합이란 무엇인가?

1895년은 수학의 역사상 가장 커다란 혁명의 시기이다. 독일의 위대한 수학자 칸토어(Georg Cantor, 1845~1918)가 집합이라는 것을 수학에 도입했기 때문이다.

집합이라고 하는 뭔가 수학에는 어울리지 않는 이상한 것이 수학에 도입되자 수학은 크게 변할 수밖에 없었다.

집합이 수학에 등장하기 전에는 수학이란 수와 방정식을 연구하는 대수학과 삼각형, 사각형, 원 등의 도형의 성질을 연구하는 기하학밖에 없었다. 이러한 수학을 고전수학이라고 부른다.

그런데 집합이 수학적인 개념으로 도입되자 수나 도형은 모두 집합의 일종에 지나지 않는다는 것을 알게 되었다. 그래서 수학은 집합이라는 개념으로 하나로 통일되어버렸다. 이렇게 집합론을 근간으로 하는 새로운 수학을 현대 수학이라고 부른다.

오늘날 학생들이 배우는 현대 수학은 집합이 되는 것은 모두 수학적으로 취급하고 연구할 수 있다는 이야기다. 수학의 범위가 엄청나게 넓어지고 풍요로워진 것이다. 그렇다고 실제로 그런 자질구레한 것들을 직접 연구하는 것은 아니다.

집합의 의미

집합의 정의만 보고서는 집합이 어떤 것인지 실감나지 않는다. 집합의 정의대로 집합을 직접 만들어보는 것이다. 집합을 만든다는 것은 함께 모일 조건을 만드는 것이다. 함께 모여있다는 것은 단순하게 그저 한곳에 모여있는 것이 아니고, 한 덩어리가 된다는 것을 의미한다.

예를 들어 사과의 집합을 생각할 때 사과가 한곳에 모여 있는 것만으로는 충분하지 않다. 사과들이 한 접시에 담겨 있어서 한번에 움직일 수도 있는 상태가 되어야 사과의 집합인 것이다. 즉, 집

$$ⓐ, ⓑ, ⓒ \neq \quad ⓐ, ⓑ, ⓒ$$

합은 단지 원소의 모임이 아니고, 원소들을 담는 그릇이 집합의 본질이라는 것이다. 그러면 이제 공집합 즉, 빈 그릇도 집합이 되는 것을 쉽게 납득할 수 있다.

이 우주도 하나의 집합이다. 드넓은 우주공간은 우주 안의 모든 만물을 담고 있는 그릇인 것이다. 수학 교과서에서 설명하는 집합의 의미에는 이런 의미는 없다. 단지 다음과 같이 간단하게 집합의 의미를 설명하고 있다.

> 어떤 주어진 조건에 의하여 그 대상을 분명히 알 수 있는 것들의 모임을 집합(set)이라고 한다. 집합을 구성하는 대상 하나 하나를 그 집합의 원소(element)라 한다.

하지만 수학선생님은 이 불친절한 문장을 보다 친절하게 깊이 있게 해설해 주시거나 설명해 주지 않는다. 그냥 문제풀이에 들어갈 뿐이다.

물론 학생들도 이 말의 의미를 곱씹어보며 그 깊은 의미를 알려고 노력하지 않는다. 왜냐면 학생들에게는 그럴 동기는 애당초 없기 때문이다. 그냥 학생들은 그러려니 하고 넘어갈 뿐이다.

그래서 학생들에게는 공집합 등이 이상하게 생각되고, 원래 수학이란 그런 이상한 학문이라는 편견이 자리하면서 수학을 싫어하는 학생들이 늘어나게 되는 것이다.

다시 한번 집합의 의미를 곱씹어보자. 집합이란 어떤 조건에 맞는 것들을 모으는 것이 집합인데, 그 대상을 분명히 알 수 있는 것들이어야 한다는 것이다.

그래서 미인의 집합이라든가, 착한 사람들의 모임, 키 큰 사람들의 모임은 수학적 의미의 집합이 될 수 없다는 것이다. 왜냐면 이런 모임은 그 대상을 분명하게 알 수 없기 때문이다.

누가 미인인지 보는 사람마다 다를 수 있고, 누가 착한 사람인지 상황에 따라 달라진다. 키가 크다는 것도 상대적이어서 키가 비교적 큰 사람이 볼 때는 작은 사람들의 모임으로 보일 것이다.

이런 식으로 시비의 여지가 있는 애매한 것은 집합으로 하지 않겠다는 것이다. 나중에 퍼지집합이라는 새로운 집합의 개념이 등장하면서 이런 애매한 것도 수학적 집합으로 만들기도 한다.

하지만 지금 중고교 수준에서는 애매한 것이 아닌 분명한 것들의 모임만 집합으로 간주하겠다는 것이다. 이제 집합의 의미를 조금 깊이 이해했다면 집합의 표현법을 알아보자.

$$A = \{ a, b, c \}$$

집합의 이름   집합 자체

이처럼 집합을 나타내는 방법을 원소 나열법이라고 한다. 즉, 집합을 구성하는 모든 원소들을 나열함으로써 그 집합이 어떤 집합인지 보여주는 것이다.

학생들이 처음 집합을 배울 때, 어려움을 겪는 것 중에 하나는 실제 집합과 그 집합을 나타내는 이름을 원활하게 결부시키지 못한다는 것이다.

선생님이 지금 집합 A가 있다. 이 집합 A에는 어쩌구저쩌구 하고 설명하면, 학생들의 머릿속에서는 그냥 집합 A만 떠오르면 안 된다. 실제 집합 {a, b, c}가 학생의 머릿속에서 상상되어야 한다.

왜냐면 선생님이 집합 A라고 입으로 말할 때는 선생님의 머릿속에서도 집합 {a, b, c}를 염두에 두고 있기 때문이다. 수학은 늘 이런 식이다. 수학은 기호, 이름을 거론하지만, 사실은 그 이름, 기호에 해당하는 구체적인 것을 학생과 선생이 모두 공감해야만 한다.

이 공감에 실패하면 수학 선생님의 설명은 외국인의 이상한 말로 들리게 되고 학생들은 짜증만 나게 된다. 우리 수학선생님들은 자신이 수학을 가르치면서 학생들이 공감을 하고 있는지 점검하지 않는다. 그래서 혼자 떠드는 상태가 되어버린다.

이제 우리는 어떤 집합 A를 말하거나 들을 때는 늘 그 집합의 원소들이 어떤 것들인지 머릿속에서 상상할 수 있어야 한다. 우선은 간단하게 원소나열법으로 상상해도 충분하다.

원소나열법은 말 그대로 집합의 겉모습을 그대로 보여주는 가장 간단하고 쉬운 방법이다. 문제는 원소가 무척 많거나 무한할 때는 이 방법은 번거롭거나 어려울 수 있다.

그래서 조건제시법이라는 방법을 사용한다. 즉, 모든 원소의 공통점을 조건으로 제시함으로 집합을 표현하는 것이다. 이 단원이

집합과 명제인데, 집합과 명제는 사실 밀접하게 관련되어 있다. 그것은 x들의 공통점을 명제로 표현하기 때문이다.

$$A = \{\, x \mid x\text{들의 공통점} \,\}$$

집합의 이름   집합 자체

$$A = \{\, x \mid x\text{의 명제} \,\}$$

집합의 이름   집합 자체

집합을 표현하는 또 다른 방법으로는 벤다이어그램이라는 그림으로 나타내는 방법이 있다. 그리고 수직선상의 집합도 수직선상에 점을 찍는 방법으로 나타낸다.

▎집합 만들기

집합의 의미와 표현법을 알았다면, 이제 여러분이 직접 여러 가지 집합을 만들어보는 것이 크게 도움이 될 것이다. 어떤 집합이든 상관없으니 재미있게 만들어보기 바란다.

먼저 구체적인 사물의 집합부터 시작해 추상적인 것들의 집합까지 집합이 될 수 있는 것은 모두 생각해보기 바란다. 그게 바로 수학적 사고력의 바탕이기 때문이다.

필통 = {연필, 볼펜, 지우개, 클립, 화이트}

$A = \{a, b, \{a\}, \{a, b\}\}$,　　　　　$B = \{\varnothing, \{\varnothing\}, \{\{\varnothing\}\}, \{\{\{\varnothing\}\}\}\}$

$C = \{x \mid x$는 지구상의 사람$\}$,　　$D = \{x \mid x$는 몸 속의 세포$\}$

이런 식으로 자신이 만들어보고 싶은 집합들을 만들어보고, 그게 집합이 되는지도 점검해보고, 만들어진 집합에는 어떤 성질이 있는지도 살펴보기 바란다.

이런 식으로 집합을 직접 만들어보면서 자신이 마치 세계적으로 유명한 위대한 수학자가 된 것처럼 즐거운 상상도 해보라. 수학이 참으로 재미있어질 것이다.

그리고 만든 집합을 가지고 집합의 연산인 합집합, 교집합, 여집합 등도 구해보고 그 결과를 감상해보는 것도 해야 한다. 이렇게 수학도 실습이 중요하다.

수학공부는 문제풀이가 아니고 수학적 개념들을 소화하기 위해 그 개념들을 깊이 생각하며 검토하고, 그 개념에 해당하는 구체적인 것들을 만들어보는 이런 식의 실습이 수학공부에서 더 중요하다.

실제로 필자는 문제풀이보다도 스스로 수학적 대상물을 구체적으로 만들어보면서 수학을 더 재미있고 쉽게 즐기며 터득하였다.

▌러셀의 파라독스

러셀

유명한 영국의 수학자이자 철학자인 러셀(Bertrand A. W. Russell, 1872~1970)도 1901년경에 이런 저런 집합들을 직접 만들어 보는 놀이를 즐겼다.

그래서 러셀은 아주 재미있는 성질을 가진 러셀집합이라고 불리는 집합을 만들었다.

러셀은 수학자답게 만들 수 있는 모든 집합들을 생각해 보았다. 수학자는 늘 가능한 모든 것을 생각하는 버릇이 있다고 말한 적이 있다.

그리고 그 집합들을 분류했다. 먼저 집합 자기 자신을 원소로 하지 않는 집합이다. 예를 들어 의자들의 집합 A는 의자가 아니다. 그 누구도 의자들의 집합 A에는 앉을 수 없으니까. 따라서 의자의 집합 A는 자기 자신을 원소로 하지 않는다.

$$\text{즉, } A \notin A \text{이다.}$$

반면 자기 자신을 원소로 갖는 집합도 있다. 즉, 쓰레기의 집합 B는 여전히 쓰레기다. 때문에 $B \in B$이다. 이렇게 모든 집합은 자기 자신을 원소로 갖는 이상한 집합과 그렇지 않은 상식적인 집합으로 크게 구분할 수 있다.

여기서 러셀은 자기 자신을 원소로 갖지 않는 집합들을 모두 모아 하나의 집합 R을 만들었다.

$$R = \{x \mid x \notin x\}$$

그리고 이 집합 R의 성격을 생각해보았다. R은 자기 자신을 원소로 갖지 않는 상식적인 집합인가? 자기 자신을 원소로 갖는 이상한 집합인가? R이 어떤 성격을 갖든 간에 어느 한 성격을 가지면 문제는 싱겁게 끝날 수 있다.

하지만 R은 정말 이상했다. 만일 R이 R 자신을 원소로 갖는 이상한 집합이라고 하면, R은 이제 R의 원소가 되기 위한 조건을 만족해야 한다. 그런데 그 조건이라는 것은 $R \notin R$이라는 조건이다.

반대로 R이 $R \notin R$인 상식적인 집합이라고 해보자. 그러면 이제 R의 원소이기 위한 조건을 만족하기 때문에 $R \in R$이 되어버린다. R은 상식적인 집합도 아니고 이상한 집합도 아닌 정말 이상한 집합인 것으로 이런 집합은 존재할 수 없다고 해야 한다. 이런 것을 파라독스라고 한다.

이 러셀의 파라독스 때문에 수학은 큰 위기에 봉착하고야 말았다. 수학 내부에 이런 모순이 발견되면 수학 내용 전반이 엉터리일수도 있다는 것이기 때문이다.

그래서 처음의 칸톨 집합의 정의가 너무 순박한 것은 아닌가 하는 반성이 일어나고, 집합론을 논리적으로 더 엄격하게 다듬어야 한다는 생각으로 집합론을 처음부터 다시 손질하는 작업이 시작되었다.

명제란 무엇인가?

수학은 논리학의 성격이 강하다. 논리적으로 이치를 따져나가기 때문이다. 논리적으로 따진다는 것은 참인지, 거짓인지를 밝히자는 이야기다. 그래서 논리학에서는 참 거짓을 판별할 수 있는 문장 즉, 명제가 기본적인 대상이 된다.

아름답다거나, 기쁘다거나 하는 감정적인 주장은 참 거짓을 명확히 할 수 없으므로 명제가 아니다. 앞에서 집합의 개념을 소개했지만 이 집합도 논리학과 깊은 관련이 있다. 집합은 논리를 시각화한 것이라고 말할 수도 있다. 즉, 논리적 문장이 가리키는 것을 집합으로 모아두면 더욱 분명하게 참 거짓을 바로 확인할 수가 있다. 예를 들어,

소크라테스는 사람이다.
모든 사람은 죽는다.
그럼으로 소크라테스는 죽는다.

는 삼단논법을 다음 그림과 같이 집합으로 표현해보면, 이 삼단

논법이 올바른 논법이라는 것을 보다 분명하게 이해할 수 있다.

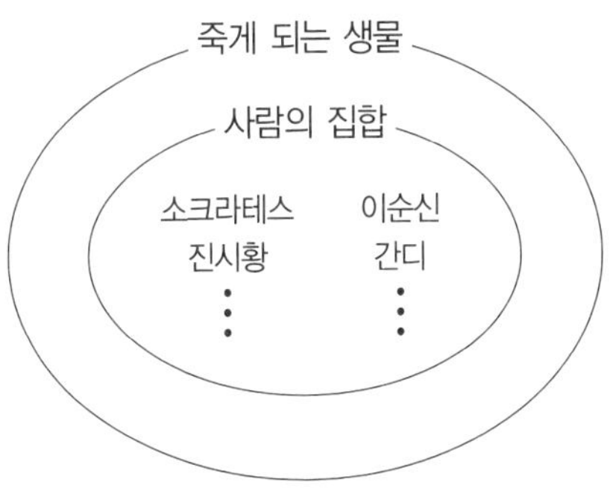

즉, 소크라테스나, 진시황이나 모두 사람의 집합에 속하는 원소이고, 사람의 집합은 죽을 운명을 타고난 생물의 집합의 부분집합이다.

따라서 아무리 진시황이 죽지 않기 위해 불로초를 먹고 온갖 방법을 다 해보아도 논리적으로 죽을 수밖에 없는 것이다. 진시황이 논리적으로라도 죽음을 피하려면 사람의 집합에서 나와야 하고 더구나 죽게 되는 생물의 집합에서도 나와야 한다. 사람이면서 동시에 죽음을 피하려고 하는 것은 논리적으로 모순이 되는 것이다.

이렇게 명제란 논리적 주장을 펼치기 위한 기본적인 문장들을 말하는 것이다. 논리적인 사고력을 갖추려면 명제의 특징을 정확히 이해할 필요가 있다.

6장

문자와 방정식

명사에서 대명사로

성경책을 보면 태초부터 사람은 사물들에 이름을 지어주는 능력이 있다는 것을 알 수 있다.

> 여호와 하나님이 흙으로 각종 들짐승과 공중의 각종 새를 지으시고 아담이 어떻게 이름을 짓나 보시려고 그것들을 그에게로 이끌어 이르시니 아담이 각 생물을 일컫는 바가 곧 그 이름이라.
>
> —창세기 2장 19절—

신은 아담에게 동물들이나 사물들의 이름을 붙여주는 권한을 주셨다. 아담은 우선 그에게 가까운 것들부터 차례로 이름을 붙여주었을 것이다.

이 아담의 권한은 아이들에게도 있다. 아이들이 처음으로 강아지를 선물 받으면 아이는 그 강아지에게 자기만의 특별한 이름을 지어준다. 메리, 쫑, 바둑이, 멍멍이 등등 각자 개성 있는 이름을 지어준다.

아이는 성장하면서 계속해서 이름짓는 권한을 잘도 발휘한다. 개개의 사물들에게 특별한 이름을 지어주는 것만이 아니고, 같은 부류의 것들을 통칭하는 이름도 지어준다.

예를 들어 사과나, 배나, 감이나, 포도, 귤 등을 통칭하는 이름으로 과일이라는 이름을 지어준다. 개, 고양이, 닭, 악어 등은 동물이라고 부른다. 장미, 튤립, 백합은 꽃이라고 부른다.

이렇게 개개의 사물에게 붙여준 고유한 이름에서 같은 부류에 붙여준 보통명사로 나아갔다. 그리고 더 나아가 모든 사물을 통칭하는 이름 이것, 저것이라는 대명사까지 발명했다. 그래서 인간의 언어는 매우 풍부한 표현력을 갖게 되었다.

이런 이름들 덕분에 사람들은 사물들에 대해 편리하게 표현할 수 있게 되었다. 사람의 언어는 보다 포괄적이고 일반적인 표현방법을 찾아 고유 명사에서 보통명사, 대명사로 이름의 범위를 확대한 것이다.

수학에서도 똑같다. 앞에서 이야기한 것처럼, 처음에는 개개 사물의 수량을 세기 위해 각각 고유의 단위가 사용되었다. 집은 한

채, 두 채, 말은 한 마리, 두 마리, 배는 한 대, 두 대 하는 각기 고
유한 수량의 단위가 있었다.

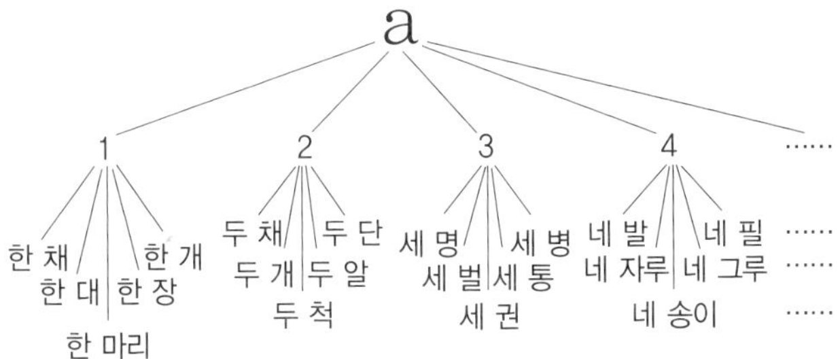

하지만 이것은 곧 그냥 하나, 둘이라는 수만 남게 되었다. 수학
에서 보통명사가 등장한 셈이다. 그리고 이런 수들을 통칭해서 부
를 보다 폭넓은 수가 마치 대명사처럼 등장하게 된다. 그것은 바로
문자이다. 수를 하나의 문자로 대신 나타내어 수의 대표로 삼았다.

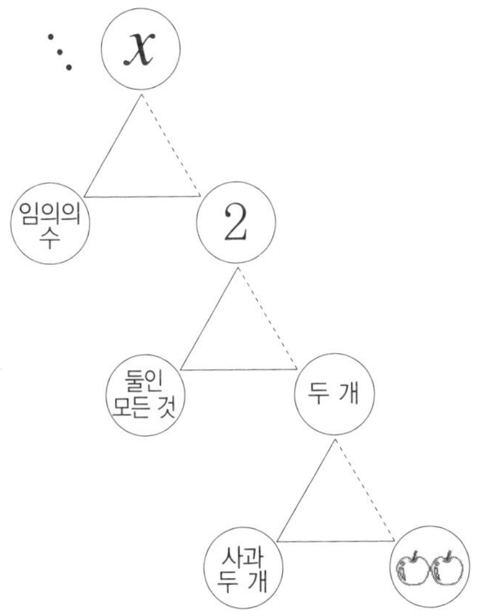

이렇게 문자라는 새로운 기호가 사용되면서 수학은 고도로 추상화되고 일반적인 법칙을 연구할 수 있는 편리한 도구를 얻게 되었다.

구체적인 사물이나 숫자를 사용하지 않기 때문에 무엇에나 적용할 수 있는 일반적인 계산의 법칙에 대해 연구할 수 있게 된다.

$$a+b=c, \ a \times b=c$$

이처럼 문자를 이용해 수식을 표현하자. 수학은 새로운 세계로 들어서게 된다.

기호의 마력

천문학자는 망원경을 사용하여 별을 관찰한다. 생물학자는 현미경을 사용하여 세포를 관찰한다. 마찬가지로 수학자는 기호를 사용하여 수학의 원리를 발견한다. 수학자에게 수학기호를 뺏는 것은 생물학자에게 현미경을 뺏는 것과 같다.

하지만 학생들이 수학을 싫어하는 이유는 이 기호 때문이다. 생물학을 공부하려는 학생은 현미경 조작법을 배워 우리 눈에 보이지 않은 새로운 미시세계를 여행하는 즐거움을 누릴 수 있는 것처럼 수학의 즐거운 여행을 위해서는 수학기호를 다루는 방법을 익히면 신나는 수학 세계로 들어갈 수 있다.

처음으로 어린이들에게 숫자를 가르치고 문자를 가르치는 일은 매우 어려운 일이다. 아이들은 아직 수의 의미를 모르는데 그 수의 의미를 가리키는 숫자를 설명하는 일은 쉽지 않다.

만화에서 보듯이 값이 수시로 변하는 미지수로서 x의 의미를 이해하지 못한 학생은 선생님의 설명을 납득하지 못한다. 기호에 대한 개념이 아직 형성되지 않은 사람에게 새로운 기호를 소개하는 것은 매우 난처한 일이 된다.

아이들은 아무것도 없는 것을 나타내는 숫자 0을 배울 때도 적지 않게 곤혹스러워한다. 없는 것을 표현하는 모순에 직면하면서, 기호의 또 다른 마력을 아직 터득하지 못한 까닭이다.

이제까지 기호는 구체적으로 존재하는 사물을 지칭하는 것이었지만, 0은 존재하지 않는 것을 가리키는 최초의 기호라 해도 과언이 아니다.

기호의 마술

인류는 이렇게 구체적으로 존재하지 않는 것을 자유롭게 창조함으로써 인류문명은 매우 풍요롭게 변할 수 있었다. 이 기호의 마력을 터득하는 순간 인류 문명은 엄청난 도약을 이루어냈다.

프랑스의 철학자 드브레(Regis Jules Debray, 1940~)가 쓴 《신, 그 여정(God, An itinerary)》이라는 책에서 문자(기호)의 위력에 대해 설파하고 있다.

아마존이나 뉴기니 오지의 원주민에게도 말은 있다. 말을 갖지 못한 인류사회는 없는 것이다. 하지만 문자를 갖지 않은 사회는 많이 존재한다.

고대 바빌론의 수메르인이 인류역사상 처음으로 문자를 발명했다. 말은 신에게 선물 받은 것이지만, 문자는 인간이 발명한 것이라고 수메르인은 말하고 있다.

말은 발성되는 순간 사라져버린다. 미래에 남겨둘 수 없다. 하지만 문자는 남겨둘 수 있다. 그래서 문자는 미래라는 관념을 만든다. 문자가 없는 세계에서는 미래라는 관념은 생기기 어렵다.

미래를 예견하지 못한 사회는 복잡한 사회조직으로 발전하기 불가능하다. 아메리카 인디언들이 구대륙인과 똑같은 세월을 살

인류 최초의 문자

아왔지만, 그들이 원시 수렵시대를 벗어나지 못한 것은 그들에게
문자가 발명되지 않은 까닭이다.

무서운 수학기호

수학이 어려운 이유 중의 하나는 수학기호가 두렵기 때문이다.
특히 우리나라 학생들에게는 낯선 서양의 문자로 된 수학기호들
은 더욱 난해하게만 다가온다. 도대체 의미를 알 수 없는 수학기
호들을 보고 있노라면, 자신이 무력하고 초라해지기 그지없다. 이
무서운 수학기호에 대한 실화가 있다.

예카테리나 2세

디드로

18세기 후반 러시아의 여제 에카테리나 2세(Ekaterina II,
1729~1796)는 러시아를 선진 유럽국가들처럼 강력한 나라로 만

들고 싶어서 유럽의 과학자나 철학자들을 러시아로 초청하여 그들의 학문과 사상을 받아들이는데 힘쓰고 있었다.

초빙된 학자들 중에는 프랑스의 철학자 디드로(Denis Diderot, 1713~1784)도 있었다. 그는 저 유명한 백과사전을 편집했으며, 유물론을 주장하던 급진적인 사상가이기도 하다.

그는 잘생긴 용모와 우아한 몸짓, 멋진 말솜씨, 해박한 지식과 논리정연한 판단력으로 러시아 궁중에 출입하는 귀부인들의 마음을 사로잡고 있었다.

이대로 가면 많은 사람들이 그의 위험한 유물론 사상에 물들고 말 것이라는 걱정이 에카테리나 여왕에게 생겨났다. 그래서 여왕은 그가 총애하는 당대 대수학자 오일러(Leonhard Euler, 1707~1783)에게 디드로의 코를 납짝하게 눌러주라고 부탁했다.

어느 날 여왕은 디드로의 무신론에 도전해서 신이 존재한다는 것을 증명할 수 있다는 수학자와 공개 토론을 할 것을 귀족들과 디드로에게 제안했다.

오일러는 디드로와 청중들 앞에 나아가서 엄숙하게

$$\frac{(a + b^n)}{n} = x$$

라고 쓰고, '따라서 신은 존재합니다. 이에 대해 반론을 부탁합니다' 하고 말했다.

당대 가장 박식하다고 자부해 마지않았던 디드로였지만, 사실 그에게는 수학에 대한 초보적인 상식도 없었다. 그는 그런 수식이나 공식을 보지도 못했고, 그것을 해독할 수도 없었다.

대학자 체면에 그 수식을 모른다고 말할 수도 없고 해서 꿀 먹은 벙어리가 된 모양으로 디드로는 침묵을 지켰다. 곧 이곳저곳에서 웅성거리는 소리가 들리기 시작하더니 자신을 조롱하는 듯한 웃음소리도 흘러나왔다.

디드로는 얼굴이 벌게져서 그 자리를 도망치듯 뛰쳐나와 그 길로 프랑스로 돌아가버렸다. 수학의 기호는 이렇게 위대한 대학자도 순식간에 바보로 만들어버리는 가공할 힘을 가지고 있다.

그러니 보통의 학생들이 수학기호에 주눅이 들고 피하고 싶은 것은 당연할지도 모르겠다. 공자님이 어떤 사람의 제사에 참석을 했다. 그때 공자님에게 예(禮)란 무엇입니까 하고 누군가 질문을 하였다.

그러자 공자님께서는 예라는 것은 자신이 모르는 것을 아는 것처럼 하지 말고, 모르는 것에 대해서는 정중하게 묻고 행하는 것이 예라고 대답한다.

그렇다. 모르는 것은 죄가 아니다. 모르면 모른다고 고백하고 알기 위해 노력하는 자세가 중요한 것이다. 수학은 그렇게 솔직한 자세를 필요로 한다.

만일 디드로가 수학기호의 의미를 지금의 중학생 정도만큼이라도 알고 있었다면, 그렇게 호락호락 물러서지는 않았을 것이다. 오일러가 신의 존재 증명에 사용한 a, b, n, x 등의 기호가 무엇을 의미하는지 차근히 따져 물었다면, 오히려 궁지에 몰리는 것은 오일러가 되었을 것이다.

어떤 심오한 뜻이라도 담겨 있는 것처럼 지레 겁을 먹고, 한마디 질문도 못하고, 달아나버린 디드로가 어떻게 보면 우습기도 하고 딱하기도 하다. 자신은 모르는 게 없다는 자만심이 이런 창피를 자초한 것이다.

우리가 이제 어떤 수학기호를 만나더라도 그 수학기호의 의미가 무엇인지 묻는 것을 잊지 말자. 그럼 어느새 수학은 우리 앞에 굴복하고야 만다. 그럼 우리는 수학에 대해 자신감을 가지게 된다.

수학은 어렵고 도저히 정복할 수 없는 것이 아니다. 누구나 차분히 수학의 기호 하나 하나의 의미를 따지면서 알아간다면 수학만큼 단순하고 명쾌하며, 쉬운 것도 없다는 것을 알게 될 것이다.

이러한 수학적 사고방식이 바로 민주주의 초석이다. 잘못된 권위에 대해 차근히 따진다면 부정과 비리는 생길 수 없고, 누구나 공평하고 자유롭게 살 수 있는 세상이 된다. 하지만 우리는 아직도 우리 자신이 잘못된 권위에 위축된 노예적 사고를 버리지 못하고 있다.

기호는 무척 편리하고 강력한 도구이다. 하지만 이 기호를 잘 모르게 되면 그 무엇보다도 어렵고 무서워진다. 기호가 이렇게 무서워지는 이유는 기호의 뒤에 숨어있는 의미를 모르기 때문이다.

▎숫자나 문자는 집합이다

앞에서 우리는 집합의 개념을 배웠다. 집합이란 빈 그릇에 원소를 모아놓은 것이라고 말했다. 그런데 사실 숫자나 문자는 집합으로 생각해야 한다. 다음에서 보는 것처럼 수나 문자를 집합으로 바꾸어 볼 수 있는 것이다.

$$1 = \{ \text{한 개, 한 채, 한 권, } \cdots \}$$

집합의 이름   집합 자체

사실 1이라는 수는 이 세상에 오로지 하나뿐인 것들을 모은 집합이다. 태양도 하나, 달도 하나, 지구도 하나, 나도 한 명 등등 이 세상에 오로지 하나뿐인 것들의 모임, 집합에 대한 이름이 바로 1이다. 한 계층 더 올라가 문자는 이러한 숫자들의 집합인 셈이다.

$$x = \{ 1, 2, 3, 4, \cdots \}$$

집합의 이름   집합 자체

따라서 우리가 문자를 볼 때는 늘 집합으로써 그 문자 안에 어떤 수들이 원소로서 담겨있는지 미리 생각하는 습관을 몸으로 익힐 정도로 자연스럽게 생각나도록 해두어야 한다.

오그덴의 의미삼각형에서 보면 질자는 원소들의 모임이고 기호는 집합의 이름에 해당하는 것이다. 즉, 대상을 우리가 볼때는 요소 환원주의적 입장, 집합론적인 원자론의 입장에서 원소로 분석한다.

그렇게 질자의 원소로 분석된 것을 하나로 모아 집합의 이름을

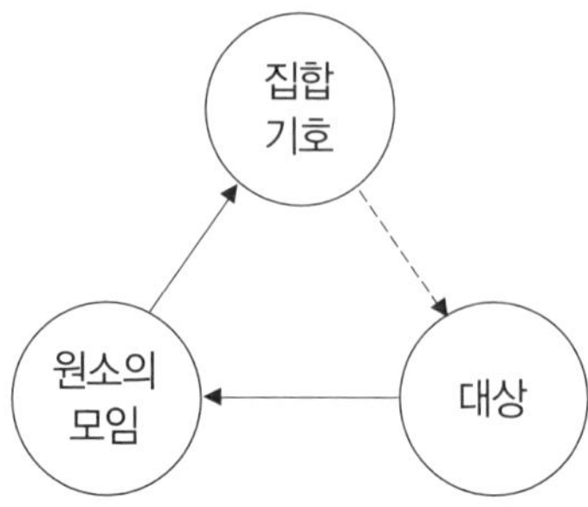

부여하는 것이다. 즉, 기호화 과정이다. 그렇게 기호가 탄생하는 것이다.

방정식을 푼다는 것

지겹도록 수학 문제집의 방정식을 풀다보면 내가 왜 이따위 것에 골머리를 썩히며 시간을 허송해야 하는지 의문이 들 때가 있다. 우리는 왜 방정식을 풀어야 하는지 그 이유도 모르면서 2차 방정식의 근의 공식을 웅얼거리며 외우는 것이다.

도대체 왜 우리는 방정식을 풀어야 하는가? 그게 수학 숙제라서 결코 아니다. 우리가 방정식을 푸는 법을 열심히 익혀야 하는 이유는 우리네 인생이 바로 방정식 투성이기 때문이다.

때문에 방정식을 잘 푸는 사람은 돈도 잘 벌고, 출세하고, 사랑도 얻고, 인생이 행복해지는 것이다. 반면 방정식을 풀지 못하고 답을 얻지 못하면 가난하고, 천대받고, 사랑은 도망가고, 인생은 나락으로 떨어져 불행하게 된다.

우리네 인생이 방정식이라니? 방정식에는 아는 수(계수나 상수)와 모르는 수(미지수)가 있다. 그리고 이들이 덧셈, 뺄셈, 곱셈, 나눗셈 등의 셈법에 의해 결합되어 있다.

$$(모르는\ 것) + (아는\ 것) = (아는\ 것)$$

그래서 우리는 아는 수를 적절하게 이용하여 모르는 수, 미지수의 값을 사칙연산을 수행함으로써 찾아내는 것이다. 우리네 인생도 마찬가지다. 우리는 유한한 인간이기에 모든 것을 알 수 없다.

우리가 아는 것만으로 우리가 모르는 것들을 알아내야 한다. 우리 일상은 늘 한정된 정보만을 가지고 우리가 꼭 알아내야만 하는 것을 찾아내어 분석하는 것이다.

예를 들어 사건을 해결해야 하는 형사는 늘 사건의 주변에서 최대한 얻을 수 있는 사건의 증거나 단서라는 한정된 정보만을 가지고 누구인지 모르는 범인을 추리해내야 한다. 사건의 방정식인 셈이다.

형사만이 아니고 우리의 일상은 모두 이런 식이다. 아는 것을 이용해 모르는 것을 알아내는 것이 우리의 일상이다. 우리는 늘 방정식을 풀면서 살아가는 것이다.

돈을 벌고 출세하는 방법도 그렇고, 사랑하는 연인의 속마음을 알기 위해서는 그 사람의 언동, 표정이라는 한정된 정보만으로 그 한길 속의 사람 마음을 알아내야 한다.

내 맘도 몰라주는 당신은 무정한 사람이 되기 십상이다. 사랑의 방정식을 푸는 자가 진정한 사랑을 얻는 것이다. 이제는 수학책에 있는 방정식이 다르게 보일 것이다. 그 방정식을 푸는 법을 알아야 인생이 보이기 시작하기 때문이다.

함수는 왜 배우나?

수학을 배우는 학생들이 어려워하는 것 중에 하나가 함수라는 괴물이다. 한 여학생은 함수라면 지긋지긋하다고 고백하기도 했다. 왜 함수가 그렇게도 어려운 것일까? 그렇게 어려운 함수는 무엇 때문에 배워야 하는 것일까?

아마 학생들은 함수를 왜 배우는지 이유도 모르기 때문에 더욱 함수가 어렵게 느껴질 것이다. 함수는 사칙연산처럼 일상생활에서 필요한 지식도 아니다. 하지만 학교에서 배우는 수학 내용 중에서 함수에 관련된 내용은 1/3 이상으로 큰 비중을 차지하고 있다.

때문에 함수를 제대로 파악하지 못하고서는 수학을 잘한다는 것은 어불성설이다. 더욱이 고등학교 수학의 결정판이라고 할 수 있는 미적분학은 결국 함수를 미분하고 적분하는 것이다. 때문에 함수를 모르고서 그것을 미분하거나 적분하는 일은 꿈도 꿀 수 없는 것이다.

함수가 수학에서 아주 중요한 기본 개념의 하나라고 세계적인 수학자들도 이구동성으로 주장한다. 그렇게도 함수가 수학에서 중요한 것만은 분명한 모양이다. 그렇다고 해도 여전히 어려운 함수를 공부한다는 것은 무척이나 싫은 것은 분명하다.

그래서 이제 우리는 함수를 꼭 배워야 하는 이유, 그리고 되도록 쉽게 이해할 수 있는 방법에 대해 생각해보아야 한다. 함수가 수학에 등장하는 역사적인 배경, 그리고 함수의 본질에 대해 이해할 수 있다면 함수가 훨씬 친근하게 다가올 것이다.

세상에 변하지 않는 것은 없다

결혼을 할 때 사람들은 영원히 변치 않을 사랑의 증표로 금반지나 다이아몬드를 서로 주고받는다. 하지만 그 금반지나 다이아몬드도 눈에 보이지 않게 조금씩 변해간다.

너무도 당연한 말이지만 이 세상에는 언제까지나 변하지 않은 채 그대로 남아있는 것은 아무것도 없다. 476년 서로마제국이 먼저 멸망하고, 1453년 동로마제국마저 멸망했다. 그 강대하고 영원할 것 같던 로마제국도 이렇게 결국 망해서 역사 속으로 사라져버렸다.

우리 몸의 세포도 매일같이 죽어서 교체되고, 우리 몸의 상태는 시시각각 매일같이 변한다. 세상의 모든 것은 변한다. 아마 변한다는 것만이 변하지 않는지도 모른다.

헤라클레이토스

고대 그리스의 철학자 헤라클레이토스(Herakleitos)는 만물은 유전(流轉)한다며, 변화와 운동이 세계의 본질임을 설파하였다. 세상은 변하기에 그 변화에 발맞추어 나가지 못하면 살아남는 것도 어렵다. 그래서 우리는 변화를 파악하고 그에 늘 대응해야만 한다.

그럼 변화를 어떻게 제대로 파악할 수 있을까? 변화를 정확히 읽어내야 거기에 발을 맞추어 나아갈 수 있고, 미리 대처할 수 있다. 변한다는 것은 도대체 무엇인가? 변화의 법칙을 파악함으로써 변화에 대응할 수 있다. 그래서 변화의 수학 함수가 등장하게 되는 것이다.

정적 세계에서 동적 세계관으로

고대인들이 변화에 주목했다해도 여전히 고대시대는 오늘날에 비하면 빠른 교통수단도 없고, 통신수단도 없어서 세상의 변화는 느리고, 따분한 나날이 많았을 것이다. 더구나 변화를 설명하고 연구할 아무런 수단도 없었다.

그래서 그들은 변화의 본질보다는 아직 정체를 모르는 존재에 더 주목하게 되었을 것이다. 고대 철학자들이 존재론에 주목한 이유이다. 변화의 주체인 존재도 모르면서 변화에 주목할 수는 없었다. 변화는 무시되고 세계는 정적인 것으로 암암리에 가정되었다.

중세도 고대와 크게 다르지 않았다. 더구나 중세는 신의 세계에 사로잡혀 더 따분하고 지루해져버렸다. 그 따분하기만 하던 중세의 암흑기가 끝나가고, 근대가 열리기 시작하면서 사람들의 세계관은 크게 변할 수밖에 없었다.

이미 말한 것처럼 헤라클레이토스가 불변자인 존재(물질)보다 더 근원적인 것으로 변화와 운동에 대해 주목하고 있었지만, 이

대항해시대와 동적 세계관

만물 유전설은 중세 천년동안 잊혀졌다가 근세 스페인과 포루투칼에 의해 대항해시대가 열리면서 다시 주목받게 되었다.

지구도 운동하고(지동설) 대포의 포탄도 운동하며, 범선도 대양을 항해한다. 상업교역이 활발해지면서 농민들은 도시로 몰려가 시민이 되고, 타고난 것으로만 알고 있던 신분질서도 변하고 있었다.

운동과 변화가 세상사람들의 호기심을 자극했다. 그래서 원운동, 주기운동, 직선운동, 포물운동, 등속운동, 가속운동 등 모든 형태의 운동을 설명할 운동의 법칙을 알아내고자 노력했다.

세상은 정적 세계에서 동적 세계로 변하고 있었다. 동적 세계관은 역학이라는 학문을 탄생시켰다. 운동과 변화는 힘의 작용에 의해 일어나는데 어떤 힘들이 어떤 방향으로 얼만큼 작용하면 어떤 형태의 운동을 하게 되는지 설명하려고 했다. 변화의 법칙을 찾기 시작한 것이다.

▌변화의 법칙 – 인과율

함수는 변화를 연구하는 수학이다. 변화가 마구잡이로 아무렇게나 일어난다면 우리는 혼란에 빠지고 아무것도 알 수 없게 될 것이다. 하지만 우리가 변화를 자세히 눈여겨 살펴보면, 변화는 순차적으로 차근차근 진행된다. 즉, 원인과 결과의 연쇄로써 변화가 일어나는 것이다.

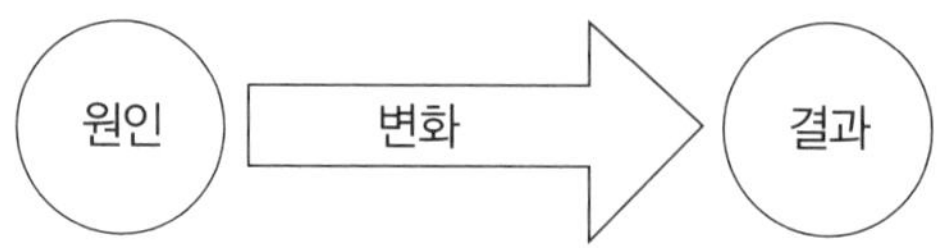

우리는 어떤 변화 속에서도 그 변화의 원인과 결과를 찾아낼 수 있는 것이다. 예를 들어 사람이 죽었다는 사태가 결과로서 발생하였다. 그럼 그 사람이 죽음에 이르게 된 원인은 무엇인가 밝혀내는 것이 부검의 등의 법의학자의 임무이다.

부검 결과 질식사이거나, 출혈과다이거나, 심장마비 등 다양한 사인 중의 어느 하나로 밝혀질 것이다. 이렇게 사인이 무엇인지 밝혀져야 그것이 자연사인지 아니면 자살인지, 타살인지도 추정할 수 있고, 진짜 범인도 찾아낼 수 있다.

원인과 결과 사이에는 일정한 법칙이 있다는 것도 알게 되었다. 즉, 이탈리아의 과학자 갈릴레이(Galileo Galilei, 1564~1642)는 낙하의 법칙을 발견한다. 시간에 대해 낙하거리는 늘 일정하게 증가한다는 것이다. 즉,

$$y = 4.9t^2$$

이라는 수식으로 나타낼 수 있다는 것이다. 그래서 시간만 알면 언제든지 그 낙하거리를 구할 수 있게 된다. 수학자들은 원인과 결과의 관계를 이렇게 수식으로 나타냄으로써 그 변화의 법칙을 수리적으로 연구할 단초를 얻게 되었다.

이렇게 변화를 수식관계로 표현함으로써 함수라는 개념이 태어나게 된 것이다. 함수란 무언가를 변화시키는 기능(수식)으로서

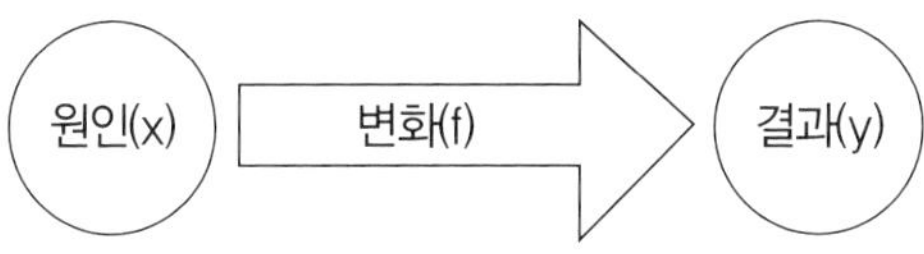

원인 x가 얼마의 값일 때, 기능 f라는 수식에 의해 그 수식의 계산
결과 y의 값이 정해진다는 것을 의미한다.

이 관계를 등식화한 것이 오늘날 우리를 괴롭히는 다음과 같은
함수식인 것이다.

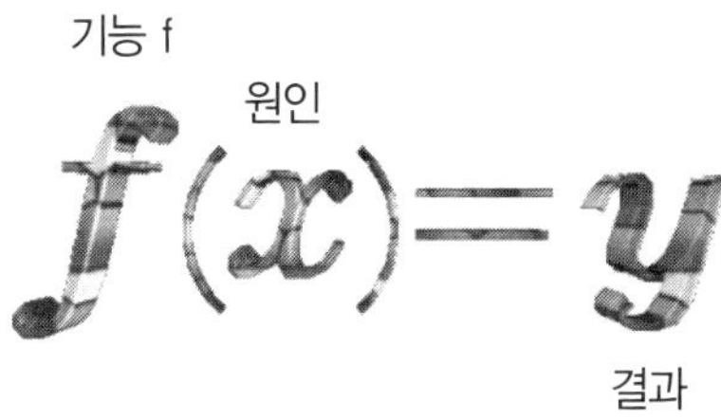

$$f(x) = y$$

다시 풀어서 말하면 이 세상의 그 어떤 것(y)도 반드시 그 원인
(x)이 있기 마련이다. 즉, 그 원인은 이러저러한 변환과정(f)을 거
쳐 결국에는 y라고 불리는 결과가 되는 것이다.

내가 이 세상에 태어난 결과는 나의 부모님이라는 원인이 있는
것이다. 부모님의 사랑이라는 기능이 나를 잉태케 하고 나를 낳고
키워낸 것이다. 그리고 그 부모님들도 마찬가지로 각각의 원인이
되는 조부모님이 계신 것이다.

결혼(부모님) = 나, 결혼(조부모님) = 부모님

즉, 나와 부모님은 결혼이나 사랑이라는 기능에 의한 인과관계에
놓여있는 것이다. 이처럼 함수란 원인과 결과가 되는 사물들과 그
인과관계를 간단한 기호나 수식으로 표현한 것에 지나지 않는다.

이처럼 우리는 함수 개념을 갖게 됨으로써 세상의 모든 변화와
현상을 수학의 기호로 표현할 수 있고, 반대로 수학의 기호로부터
세상의 모든 일을 해석할 수 있다. 이것이 가능하게 되었을 때 진
정으로 수학이 자신의 것이 되었다고 말할 수 있다.

세상의 현상을 수학기호로 요약해서 표현하지 못하고 반대로
수학기호로부터 세상의 일상사를 해설하지 못한다면 그것은 엉터
리로 수학을 배운 것이 된다.

이제 수학의 세계에서는 기능 f의 구체적인 기능을 다음과 같은
수식으로 표현하게 된다.

$$f(x) = 2x + 3$$

이것은 원인 x를 괄호 안에 넣으면 그것을 2배하고 3을 더해주
라는 기능이다. 그렇게 해서 결과 $y(=f(x))$를 얻게 되는 셈이다.
이렇게 기능 f는 수식으로 표현할 수 있는 것도 있고, 그럴 수 없
는 것도 있다. 수식으로 표현되는 기능은 보다 정확하게 수리적인
분석이 가능하게 된다. 예를 들어 증권 값의 변화를 나타내는 그
래프를 수식으로 표현되는 함수로 나타낼 수만 있다면, 그 수식으
로부터 자신이 가지고 있는 주식값이 내일은 얼마가 될지 정확히

계산할 수 있게 될 것이다.

　이런 이유로 우리는 되도록 함수를 수식으로 표현해 볼려고 하는 것이다. 그래야 계산이 가능하기 때문이며, 계산이 가능하다는 것은 미래를 정확히 예측하는 예지력이 생긴다는 말과 같게 된다. 수학은 노스트라다무스처럼 예언의 힘이 있는 것이다. 그것도 정확하게 말이다.

▌변화를 안다는 것은?

　문자 x는 미지수라고 불리기도 하고 변수라고도 불린다. 이것이 또한 학생들을 혼란에 빠뜨리는 원인이다. 왜 같은 x를 가지고 어떨 때는 미지수라고 부르고, 어떨 때는 변수라고 부르는 거야? 정말 수학은 엉망진창이 되는 것 같다. 원래 문자 x는 방정식에서는 미지수를 나타내는 기호이다. 하지만 이것이 함수에서 사용되면 이제 미지수라고 부르지 않고 변수라고 부른다.

데카르트

　문자 x를 변수라고 부르기 시작한 것은 프랑스의 철학자 데카르트(Rene Descartes, 1596 ~ 1650)이다. 마르크스와 함께 공산주의 이론을 만든 엥겔스는 데카르트가 변수라는 개념을 도입함으로써 수학이 큰 변환점을 맞게 되었다고 주장하기도 했다.

　세상의 사물들은 끊임없이 변한다. 그런

데 이런 사물들의 변화를 우리는 어떻게 느끼며 알게 되는 것일까? 그것은 변하지 않는 것이 있기 때문에 그것을 기준 삼아 변화를 알아챌 수가 있는 것이다.

만일 변하지 않는 것이 없이 모두가 변한다면 우리는 그 어떤 변화도 알아챌 수 없고, 혼란에 빠져버린다. 변화는 변화하지 않는 것이 있을 때 의미를 갖는 것이다.

예를 들어 아이의 키가 자라는지 어떤지 알기 위해 아이의 키를 기둥에 표시를 해둔다. 그리고 몇 개월이 지난 후에 다시 아이의 키를 재보면 키가 얼마나 자랐는지 금방 알 수 있다. 하지만 지진 등이 일어나 기둥이나 방바닥이 움직였다면 어떤가? 아이의 키가 얼마나 변화했는지 알 수 없게 되어버린다.

또한 아이의 키가 변했어도 아이 그 자체는 변하지 않았다고 생각한다. 아이 자체가 모습은 비슷하지만 다른 아이가 되고, 키도 다르다면 우리는 아이의 키가 변했다고 말할 수 없게 될 것이다.

가을이 되어 나뭇잎이 노랗게 물들어 낙엽으로 변할 때도 그 변화를 아는 것은 나뭇잎 자체는 변하지 않았음을 알기에 그것을 기준으로 색깔만이 변화했다는 것을 아는 것이다.

이렇게 변화는 변하지 않는 것을 기준으로 해서 알게 되는 것이다. 이것은 수에 대해서도 마찬가지다. 수가 변한다는 발상은 문자 x가 없으면 생길 수가 없다.

문자가 없이 숫자만 있다면 1이 2로 변한다고 말해야 하는데, 이것은 있을 수 없다. 1은 어디까지나 1로서 변하지 않는다. 하지만 문자 x를 사용함으로써 x는 그대로 변함이 없지만, 그 값은 달라진다는 의미로 문자 x는 변수라고 불리게 되는 것이다.

이제까지 수학은 가만히 고정되어 있는 것만 연구했다. 그런 것은 얼마든지 수학의 언어 즉, 수학기호를 사용하여 표현할 수 있었다.

예를 들어 가만히 고정되어 있는 삼각형은 $\triangle ABC$라는 기호로 나타낸다. 하지만 계속 움직이고 변하는 것을 수학적 기호로 나타내는 것은 불가능하다고 생각하고 있었다. 즉, $\triangle ABC$가 점점 움직여 $\triangle A'B'C'$가 되고 그리고 여전히 계속 움직이고 있다면, 이런 움직이고 있는 삼각형을 수학자들은 간단히 수학기호로 나타내는 방법을 감히 생각하지 못했다.

마치 화가나 사진기가 가만히 있는 것을 그리거나 찍어서 보여줄 수 있지만, 계속 달리고 있는 말이나 날아가는 새의 모습을 그림으로 그리거나 사진으로 찍어서 보여줄 수 없는 것과 마찬가지다.

이렇게 움직이는 것을 그대로 기록했다가 다시 보여주려면, 비디오 카메라가 발명되어 등장할 때까지 기다릴 수밖에 없었던 것이다.

그런데 데카르트는 계속 움직이는 것을 단지 하나의 기호 x로 나타내자고 약속한 기발한 아이디어를 제시한 것이다. 움직이지 않고 가만히 있는 것만 표현해온 수학자들에게 이것은 무척이나 황당한 아이디어였다.

하나의 기호 x로 어떻게 수없이 변하는 양을 표현한단 말인가?

하지만 그렇게 하자고 약속함으로써 변수라는 아이디어가 수학에 등장하게 된다. 이제까지 미지수를 표현하는데 x라는 기호를 사용해왔다. 비록 미지수라도 그것은 하나의 값에 지나지 않는다. 즉, $2x - 3 = 0$이라는 방정식을 풀어 미지수 x의 값을 구하면, $x = 3/2$이다. 하지만 x가 미지수가 아니고 변수가 되면, 하나의 정해진 값을 의미하는 것이 아니라 수없이 많은 값을 의미하게 된다. 그렇게 수없이 많은 값을 단지 하나의 기호로 표현한다는 대범하다면 대범한 생각을 데카르트는 당당하게 제시한 것이다.

이렇게 해서 수학자들은 변수를 이용해 여러 가지 운동이나 변화를 수학적 기호로 서술할 수 있게 된 것이다. 즉, x가 이러 저러한 양상으로 변하면, 그에 따라 y의 값도 차차로 변해간다.

이것을 수학적 기호 $y = 2x - 3$이라는 형태로 표현한 것이다. 즉, x가 0, 1, 2, 3,…으로 변한다고 하면 y는 $-3, -1, 1, 3,$…이라는 양상으로 변한다는 것을 간단히 수학적 기호로 나타낸 것이다.

이렇게 운동의 상태를 간단히 수식 하나로 표현한다는 것은 당시로서 엄청난 대 발견이 되었다. 사람들은 언제든지 이 수식의 변수에 구체적인 값을 대입해 보면, 그 운동 양상이 어떤 것인지

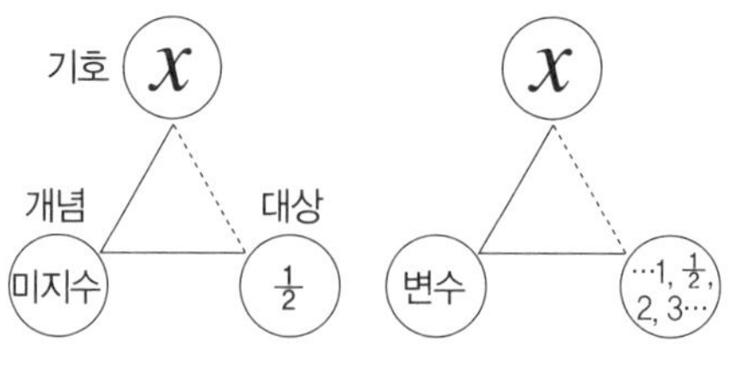

미지수에서 변수로

쉽게 알 수 있는 것이다.

비디오 카메라라는 작은 기계로 수많은 사람들의 움직임을 기록하여 영구히 보존한다는 것은 얼마나 마술 같은 이야기인가!! 처음 영화가 등장하거나 비디오 카메라가 등장했을 때 사람들의 놀라움은 아주 큰 놀라움이었던 것이다.

우리는 어떤 운동선수의 순간적인 기막힌 기술을 비디오 카메라로 찍어두고 천천히 돌려보면서 그 기술이 이루어지는 순간순간을 분석한다.

예전에는 단 한번밖에 볼 수 없었던 선생님의 멋진 동작을 두고 두고 보면서 한 동작 한 동작 따라하며 연습할 수 있다면, 누구나 고난이도의 기술을 쉽게 연마할 수 있을 것이다.

이처럼 함수식은 비디오테이프처럼 운동의 전체 모습을 보관하고 있다가 언제든지 다시 순간 순간의 변화의 모습까지 보여주는 역할을 하게 된 것이다.

함수의 역사

함수는 영어로 펑션(function ; 기능)이며, 이 말을 처음 수학적 용어로 사용한 사람은 독일의 수학자 라이프니츠(G. W. von Leibniz, 1646~1716)이다.

1694년에 썼던 논문 중에 라틴어로 쓴 functio라는 말이 처음 등장한다. 라이프니츠는 곡선의 접선을 함수로 생각했으며, x에 관한 함수를 기호 $\boxed{x}\boxed{1}$로 나타내었다.

함수라는 말이 이처럼 처음 등장한 것은 17세기 말이었으며, 이 것은 2천년이라는 수학의 역사에서 생각한다면, 매우 최근에 등장 한 것이라고 할 수 있다.

당시 곡선의 접선을 구하는 문제는 매우 중대한 문제였다. 대항해시대가 되면서 선 원들은 바다 위에서 하늘의 별이나 태양을 관측하여 그 고도를 구해야 한다.

라이프니츠

고도를 구하는 것은 지구의 지평선을 그 리는 일도 포함된다. 지평선이란 구면인 지구에 접선을 긋는 문제이다.

또한 당시 케플러는 지구의 공전궤도가 타원이라는 것을 밝혔 다. 그리고 대포알은 포물선을 그리며 떨어진다는 것이 밝혀졌다.

그래서 수학자들은 원의 접선만이 아니고 타원의 접선, 포물선 의 접선, 일반 곡선의 접선을 구하는 문제에 직면하게 된다. 접선 은 곡선을 수식으로 나타내어 그 수식을 대수적으로 풀어서 구하 게 된다. 이것이 함수라는 개념을 탄생하게 한 자극제이다.

이것으로 볼 때 라이프니츠가 비록 함수라는 수학용어를 사용 하고는 있지만, 그것을 접선을 구하는 문제에 한정적으로 설명하 는 것을 보면 아직 라이프니츠는 변수의 값을 가공하는 기능으로써 함수라는 개념에는 도달하지 못한 것으로 생각된다.

말하자면 라이프니츠는 함수라는 새로운 대상을 처음 만나 그 것에 우선 함수라는 이름을 붙여준 것에 불과하다. 마치 콜롬부스가 처음 미대륙을 발견하기는 했지만 미대륙의 본질을 아직 파악하지 못하고 그것을 인도로만 생각한 것과 같다.

이탈리아의 항해사 베스푸치(Amerigo Vespucci, 1454 ~ 1512)가 미대륙을 좀 더 깊숙이 조사하여 그것은 인도대륙이 아닌 새로운 대륙임을 밝힌 것처럼 함수라는 신대륙을 좀 더 깊이 조사한 것은 스위스의 수학자 오일러(Leonhard Euler, 1707 ~ 1793)이다.

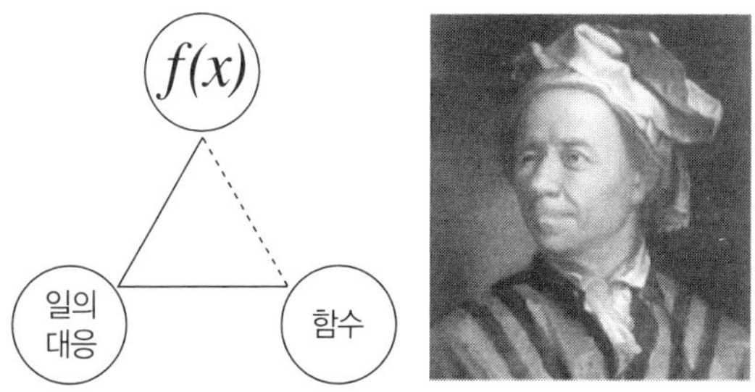

오일러는 그의 저서에서 정수와 변수로 이루어진 수식을 그 변수의 함수로 정의함으로써 함수의 개념을 라이프니츠보다 더욱 일반화시켰다. 1735년에는 오늘날 우리가 사용하는 함수 기호 f(x)를 처음으로 고안해내기도 하였다.

다음으로 프랑스 혁명기의 혼란 속에서 태어난 프랑스의 수학자 코시(Baron Augustin Louis Cauchy, 1789 ~ 1857)가 함수의 진정한 의미를 확정하였다. 코시는 수식으로 표현되는 것만이 아니고 일의대응이 되는 것은 무엇이든지 함수가 된다는 것을 분명히함으로써 함수 개념이 확실히 정립되었다.

이렇게 함수라는 개념은 시대적 변화와 세계관의 변화를 배경으로 등장하게 되었으며, 무려 3대에 걸친 적지 않은 시간동안 위대한 천재 수학자들에 의해 다듬어지면서 어렵게 도입된 수학의 중요한 개념이다.

때문에 학생들이 단번에 함수 개념을 이해하지 못하고 받아들이지 못하는 것은 어쩌면 당연한 일인지도 모른다. 학생들이 함수 개념을 소화하기 위해서는 그 역사적인 배경부터 차분히 생각하면서 수학사적인 과정도 이해할 필요가 있다고 생각된다.

▌함수란 이름의 오해

함수를 배울 때 어려움을 느끼는 것 중에 하나는 함수라는 이름 때문이기도 하다. 아편전쟁에서 중국이 패하면서 서구열강은 중국으로 밀려든다.

이때 여러 서양의 문물과 함께 서양 수학도 동양의 세계에 전해지게 된다. 서양의 강대한 힘의 근원을 알아내고자 동양의 지식인들은 서양 수학을 번역하는데도 열심이었다.

수학은 국력의 근간이기 때문이다. 여러 가지 서양 수학 용어들이 중국어로 번역되었는데, 펑션(function)을 중국어의 발음과 비슷한 함수(函數 ; 한쑤)라는 말로 했다고 한다. 상자의 수라는 의미로 중국인들이 교묘하게 번역한 함수는 실제로 마술상자와 같은 역할을 한다.

1859년 중국 청(淸)나라의 수학자 이선란(李善蘭, 1810~1882)과 영국의 선교사 와일리(Alexander Wylie,1815~1887)가 번역한 미적분학 책 《대미적십급(代微積拾級)》을 보면, 함수를 다음과 같이 중국의 한자를 이용해서 표현하고 있다.

	서양	중국
변수	x, y, z, ⋯	天, 地, 人, ⋯
상수	a, b, c, ⋯	甲, 乙, 子, ⋯
함수	y = f(x)	地 = 函(天)

이것이 그대로 한국에도 전해져서 오늘날 우리도 함수라는 용어를 사용하게 된 것이다. 일본에서는 함수라는 말이 어렵고 오해를 불러일으킨다고 관수(關數)로 고쳐 부르기도 한다.

하지만 함수든, 관수든 어렵기는 마찬가지인 듯하다. 함수가 어려운 것은 함수 자체가 원래 쉽게 파악하기 어려운 변화를 간단하게 수학기호로 나타낸 것이기 때문이다.

때문에 함수를 쉽게 이해하기 위해서는 이름을 고치는 것보다는 오그덴의 의미삼각형에 의한 이해가 더 중요하다고 생각한다. 우리는 처음에 1차함수 2차함수를 구체적인 사례로써 함수를 배운다.

함수가 어떤 필요에 의해 등장하며 어떻게 활용하는지에 대해서는 모르면서 1차함수나 2차함수가 함수라고 설명하는 것은 장님 코끼리 만지기식의 답답함만 줄 뿐이다.

함수 개념을 포괄적이고 거시적인 입장에서 학생들이 접근할 수 있게 교수법을 개발하고 연구하는 일이 더욱 시급한 일이다.

수학의 인식론 - 함수

함수는 일의대응(一意對應 ; univalent correspondence)이라고 코시가 정의했다고 말했다. 그런데 그것이 어쨌다는 말인가? 왜 일의대응만을 함수라는 특별한 말로 부르는지 어떤 수학책에서도 친절하게 설명해 주지 않는다.

일의대응을 왜 함수라고 하는가? 왜 수학자들은 일의대응을 함수라는 특별한 용어를 사용하여 중요시하는 걸까? 이런 의문을 가지다보면, 함수의 본질, 일의대응의 본질에 대해 깨닫게 된다.

집합론이 수학의 존재론, 수학의 원자론이라면 함수는 수학의 인식론에 해당한다고 말할 수 있다. 우리가 무엇인가를 알게 되었다, 인식하게 되었다는 것은 어떤 상태이며 어떤 메카니즘이 필요한가?

우리가 미지의 것을 알게 된다는 것은 그림에서 보는 것처럼 기지(既知)의 것으로 번역이 성공했을 때이다. 여기서 번역이란 함수라는 대응을 성공적으로 만들어낸다는 것을 의미한다.

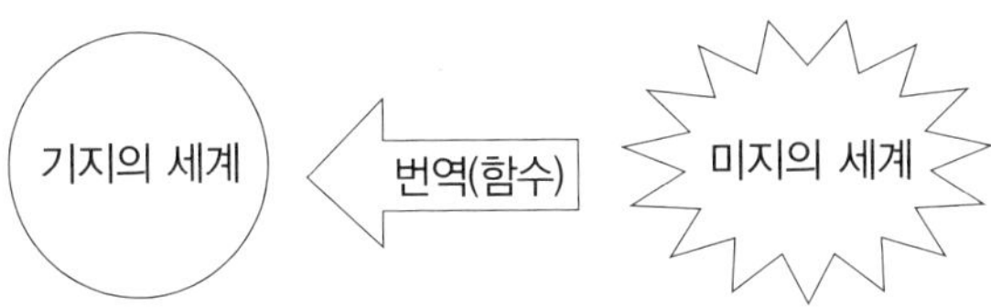

아이가 생전 처음 보는 무언가를 만나게 되면, 그것이 이미 우리가 알고 있는 것과 어떤 점들이 닮았는지 파악하려고 한다. 그렇게 각각의 부분들이 잘 알고 있는 것들에 대응하면 우리는 그것을 모두 파악하고 알게 되었다고 느끼게 된다.

만일 그런 대응에 실패하여 이것 같기도 하고 저것 같기도 한 애매한 상태에 빠진다면 우리는 미지의 것을 다 알게 되었다고 안심하지 못할 것이다.

우리가 함수를 배울 때 정의역과 공변역의 대응을 배운다. 함수에서 정의역은 미지의 대상인 것이다. 그리고 공변역이 우리가 잘 알고 있는 세계이다. 공변역은 어떤 미지의 것이라도 받아들일 수 있도록 편견이 없는 공평한 것이어야 한다. 그리고 정의역은 앞으로 정의가 필요한 미지의 영역이다.

그림에서는 정의역인 집합 X에 미지의 두 개의 원소가 공변역인 집합 Y의 원소 하나에 대응하고 있다. 미지의 것을 기지의 것 하나에 일의대응시키고 있는 것이다. 즉, 무엇인지 아직 잘은 모르지만, 그 두 개의 원소는 기지의 것 하나에 대응시킬 만큼 공통점을 가지고 있다는 의미이다.

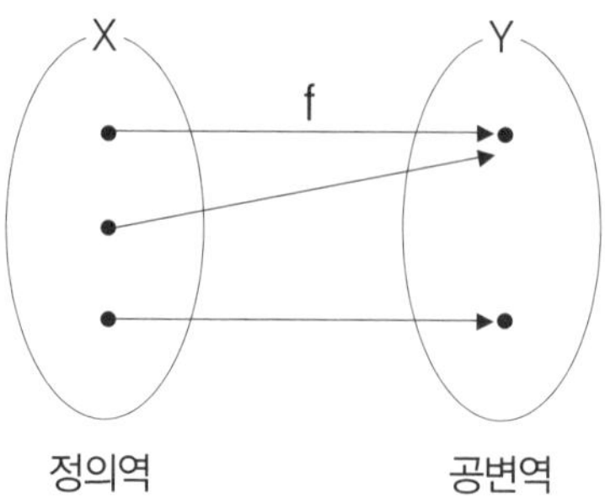

일의대응이 의미가 있는 것은 다음과 같이 사진을 찍을 때를 보면 분명히 이해할 수 있다. 피사체 인물의 각 부분들은 적어도 하나 이상이 필름의 작은 한 점에 대응한다. 그렇게 되면 깨끗한 사진을 얻을 수 있다.

사진을 찍는 것은 우리가 눈으로 보는 것과 같은 일이다. 오늘날 인간의 눈은 사진기와 원리가 똑같다는 것을 모두들 잘 알고 있다. 즉, 사진을 찍는 일은 눈으로 보는 것, 인식하는 일과 같은 것이다.

피사체의 인물은 정의역이며, 필름은 공변역에 해당한다. 때문에 이들 사이에 일의대응이 이루어질 때 깨끗한 사진이 얻어진다. 하

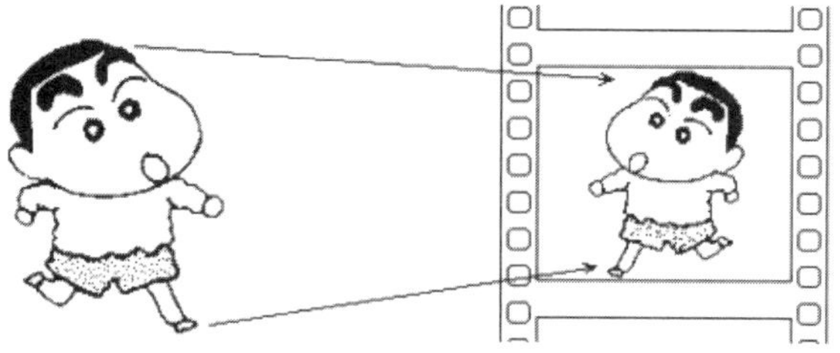
일의대응인 경우 사진이 잘 찍힌 것이다

지만 피사체의 각 점이 필름상의 두 점에 대응하는 경우도 생긴다.

사진을 찍을 때 손이 흔들려서 마치 같은 필름에 사진을 두 번 찍은 것과 같은 일이 생긴 것이다. 그러면 사진은 흐릿해지거나 겹친 상이 얻어진다.

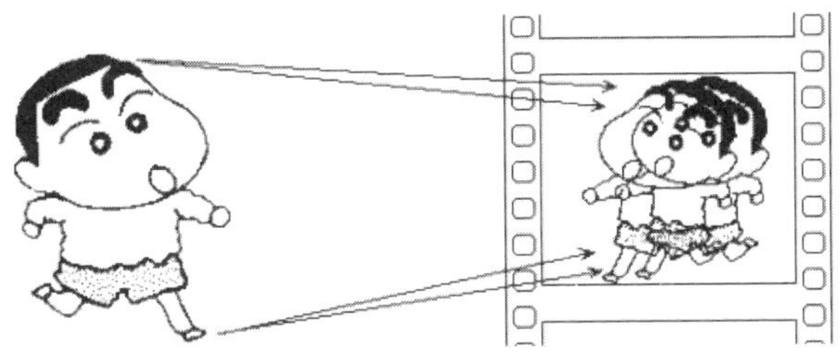

일의대응이 아닌 것은 사진이 흔들린 경우이다

우리 눈에서도 마찬가지 현상이 생기면 우리는 대상을 잘 보지 못하며 인식하지 못하게 된다. 즉, 눈이 나빠지면 눈의 망막에 상이 겹쳐서 맺히기 때문에 뚜렷한 이미지가 보이지 않는다.

지도를 그릴 때도 이 일의 대응이 중요하다. 실제 지형을 지도에 그리는데 실제 지형에 없는 것을 지도에 표기하면, 그 지도로는 실제 거리를 여행하는데 혼란을 주게 된다.

실제 지형에는 있어도 지도에는 표기가 되지 않은 것은 얼마든지 감안할 수 있다. 그래서 약도를 그리는 것이다. 약도는 길을 찾는데 필요한 정보만 요약해서 보여주며, 그 정보만으로도 충분히 길을 찾을 수 있기 때문이다.

미지의 것은 일의적으로 해석되어야 한다. 만일 여러 가지 방법으로 해석이 가능하다면 우리는 아직 그 미지의 대상을 이해했다고 말할 수 없다. 즉, 미지의 대상이 분석되지 않았다는 것을 의미한다. 그래서 함수(인식)는 일의대응이어야 한다. 일의적인 해석만이 인간이 이해할 수 있기 때문이다.

집합론은 서양 철학에서 존재론에 해당한다. 그리고 서양철학을 공부하다보면, 그러한 존재를 우리가 어떻게 인식할 수 있느냐는 인식의 문제가 등장한다. 철학에 인식론이 있으니, 수학에도 당연히 인식론이 있어야 한다. 바로 함수가 수학의 인식론이었던 것이다.

함수가 이처럼 수학의 인식론으로서 매우 중요하다는 것을 학생들이 납득한다면 학생들은 함수를 열심히 공부할 것이다. 자신들이 세상을 올바로 이해하고 인식하는 방법으로서 함수라는 방법이 필요하다는 것을 알게 되기 때문이다. 우리는 함수를 통해 수많은 현상을 이해할 수 있다.

주식의 그래프도 함수이다. 시간 축과 주가가 그리는 주간변동 그래프를 보라. 주식의 변동을 보면 경기가 살아나는지 어쩐지 판단할 수 있고, 그에 맞추어 사업 활동이나, 영업을 계획할 수 있다.

이처럼 수학은 우리 생활 곳곳에서 살아있다. 죽어있는 수학으로는 결코 생생한 삶의 현장에 적용할 수 없다. 존재는 정적인 것이지만, 인식은 동적인 것이다. 움직이지 않으면 인식은 완성되지 않는다.

▌도깨비 방망이와 함수

도깨비들이 들고 다니는 도깨비 방망이는 무엇이든지 만들 수 있는 만능의 요술 방망이라고, 옛날 할머니들의 이야기에 등장한다.

도깨비 방망이는 금나와라 뚝딱하고 두드리면 금이 나온다. 떡 나와라 뚝딱하면 떡도 나온다. 고기 나와라 뚝딱하면 고기도 나온다. 자동차 나와라 뚝딱해도 자동차가 나올 것이다.

도깨비 방망이만 하나 있다면, 세상 부러울 것이 없을 것이다. 하지만 도깨비 방망이는 과학이 아니다. 과학은 인과율이 생명이다. 때문에 하나의 원인은 반드시 하나의 결과만 가져와야 한다.

이것이 인간에게는 자연스럽다. 때문에 하나의 원인인 도깨비 방망이가 많은 결과물을 만들어내기 때문에 매우 놀라운 요술방망이로 생각되는 것이다.

우리의 일상생활과 활동은 모두 인과율에 따라서 행해진다. 우리의 행동은 하나의 원인이 되어 우리가 예측할 수 있는 하나의 결과를 초래한다. 만일 그런 인과율이 성립하지 않는다면, 우리는 얼마나 혼란스럽고 짜증스러울지 쉽게 상상할 수 있다.

우리는 우리가 생각한 대로 정교하게 근육을 움직여 정확한 동작을 할 수 있다. 하지만 우리가 의도한 대로 근육들이 정확히 움직여주지 않는다면 얼마나 짜증스러울까? 우리는 몸을 잘 가누지 못하는 뇌성마비 아이들을 보면 얼마나 불편한지 쉽게 짐작할 수 있다.

그 아이들은 머릿속으로 한가지 동작을 하려고, 생각하고 손을 움직이거나 발을 움직이려고 한다. 하지만 근육들이 잘 말을 듣지 않아 손이나 발은 마음대로 움직여주지 않고, 마구 흔들리고 엉뚱한 동작이 나온다.

그래서 몇 번이고 잘못된 동작을 수정하면서 움직여야 한다. 때문에 시간이 많이 걸리고, 뜻한 바를 쉽게 이루지 못한다. 하나의 의도가 항상 생각지도 못한 결과를 초래하기 때문이다. 이렇게 인과율이 성립하지 않으면, 일상생활을 하는데도 우리는 불편을 겪게 된다.

도깨비 방망이가 하나 있다면 무척 편리하다고 생각하겠지만 정반대이다. 도깨비 방망이는 인간사회에 커다란 혼란을 초래할 뿐이다. 이제 금값은 보통의 쇳덩이 값보다 못하게 될지도 모른다. 그럼 금은방은 한순간에 망해버릴 것이다.

농사를 지을 필요도 없다. 도깨비 방망이로 쌀을 만들거나 밥을 만들면 되니까! 이제 인간은 아무것도 할 필요가 없고, 궁극적으로 살아갈 이유를 상실하고, 따분한 세상을 그만 끝내고 싶어질 것이다. 이렇게 도깨비 방망이는 오히려 인간에게 커다란 해악인 것이다.

그런데도 한국사람들은 도깨비 방망이를 좋아한다. 한국인의 공짜심리가 바로 그것이다. 공짜란 아무런 원인이 없는데도 결과가 생긴 것이다.

만일 그렇다면 아무 원인도 없이 사고를 당한다해도 하소연할 수가 없게 된다. 실제로 우리는 날벼락 같은 사고를 무수히 당해

왔다. 대구지하철 참사, 태풍 매미에 의해 엄청난 인명손실과 재산손실 등등 이루 말할 수 없다. 그런데 이런 참사의 피해자들은 하소연할 곳이 없다. 평소에 공짜를 좋아했으니 공짜 사고도 군말 없이 받아들여야 하는 것이다.

함수가 성립하는 세계가 인간에게는 바로 천국인 것이다. 이제 함수가 얼마나 소중한 것인지 충분히 실감했을 것이다. 함수가 얼마나 우리의 일상적인 삶에 중요한 기본개념인지 충분히 이해했을 것으로 믿는다.

함수는 원인과 결과의 관계가 확실하기 때문에 함수 그래프로부터 미래의 변화를 예견하는 것이 가능하게 된다. 미래를 예견할 수 있는 사회가 건강한 사회이다.

앞날을 예견할 수 없는 혼란스런 정치상황, 경제상황은 서민들을 불안하게 하고, 고달픈 삶에 쪼들리게 한다. 모두가 안심하고 생업에 전념할 수 있는 함수가 성립하는 정치(사회)가 이루어져야 한다.

우리나라 정치인들은 한 입을 가지고 두 말을 한다. 국회의원들은 아니면 말고 식의 폭로전을 일삼는다. 그래서는 국민들이 정국의 미래를 예견할 수 없고, 불안을 느끼게 된다. 제발 정치인들부터 함수 공부를 해야 하는 것이다.

수학문화

수학자라는 직업

한국사회에는 수학강사, 수학선생, 수학교수는 있지만 수학자는 없다. 직업인으로서 수학자란 순수 민간인이다. 한국에서 수학자란 관료로서 수학선생밖에는 존재하지 않는 셈이다.

관청에서 수학을 공급하거나 관청에서 요구하는 수요가 없으면, 한국에서는 수학자는 멸종되어버린다는 것을 의미한다. 왜 한국에는 진정한 수학자(민간 수학자)는 존재하지 않는가? 그 이유는 한국에 수학문화가 없기 때문이다.

문화는 직업인이 만들기 때문이다. 수학문화가 없고 수학자가 없는 한국사회가 온전한 사회, 정상적인 사회라고 말할 수 있을까? 적어도 근대적인, 현대적인 사회라고 말할 수 있을까?

문화라고 하는 것은 여유로부터 생겨난다. 늘 생계를 걱정해야 하는 가난함에 찌든 빈티나는 사람들에게 문화는 사치일 뿐이다. 그런데 수학이라는 학문은 지극히 문화적인 성격이 강한 학문이다.

늘 실용성만을 따지는 사회, 여유가 없는 사회에서 수학문화는 형성되기 어렵다. 처음 인류역사를 살펴보면 수학은 실용수학으로서 탄생했다. 하지만 그 실용수학들은 모두 그 문명이 몰락하기 훨씬 전에 더 이상 발전하지 못하고 정체되어버렸다. 그리고 인류역사에서 사라지고 말았다.

문명이 어느 정도 발전하면 인간은 거기에 만족하고 만다. 그래서 더 진보된 문명에 대한 새로운 수학연구는 중단되어버리고 만다. 이것이 실용수학이 정체되는 이유이다. 인간은 배가 부르면 나태해지기 때문이다.

실용성을 추구하는 수학은 이렇게 수학문화로서 자리잡지 못하고 사라지는 운명에 처하게 되는 것이다. 수학은 그 생명이 실용성이 아닌 지극히 사치스러운 문화인까닭이다.

오늘날 한국사회는 선진국 문턱에 이르렀다. 하지만 지금도 한국인들은 실용성만을 강조하고 있다. 부자에 알맞은 문화적 사치를 누릴 정신적 여유가 부족한 때문이다.

무한과 논리

유한한 것은 귀납적으로 파악하고 이해할 수가 있다. 하지만 무한한 것은 그렇게 할 수가 없다. 인간은 유한하다. 때문에 무한한 대상을 파악하고 이해하는 것은 쉽지 않은 일이다.

다만 무한을 이해하는 유일한 길이 있다. 그것은 바로 논리이다. 유한한 인간이 무한을 이해하고 통제하는 유일한 방법이 바로 논리라는 철두철미한 방법이다.

동서양 문명 중에서 인간의 유한함을 자각하고 인간을 넘어선 무한을 직시하고 무한을 이해하고자 몸부림친 사람들이 있다. 동양에서도 무한에 대한 접근이나 언급이 전혀 없는 것은 아니다.

부처님이 말하는 무량대수라든가 찰나 등의 무한이 언급되고 있다. 또한 묵자도 유클리드 기하학과 유사한 기하학을 하고 있다. 하지만 서양의 이스라엘 민족과 그리스 민족만큼 철저하게 지속적으로 무한을 파고든 민족은 없다.

이스라엘 민족은 무한한 권능의 하나님과 대립각을 세우며, 그 하나님과 늘 긴장관계를 유지하며 신과의 논쟁을 멈추지 않았다. 한편 그리스인은 기하학에서 무한히 많은 점, 무한히 많은 삼각형으로부터 무한을 직시하며 무한을 해부하고자 부단히 노력했다.

그 결과 제논의 파라독스에 빠져 헤어나오지 못하기도 했으며, 무한을 피하라는 경고도 하고 있다. 이 두 민족은 무한을 직시하며

이 무한을 분석하고 통제할 방법으로서 꾸준히 논리적 사고를 다듬
고 발전시켜왔다.

　동양인이 말하는 논리는 그저 단순히 이치에 맞게, 경우에 맞게
따지는 것을 의미하지만, 서양인의 논리는 신과의 대결, 무한이라
는 지옥을 건너는 생명줄과 같은 의미를 가지고 있는 것이다.

　때문에 논리에 대한 동양인과 서양인의 관심은 크게 다를 수밖에
없다. 무한의 심연을 들여다보기 위해 갈고 다듬은 서양의 논리가
오늘날의 현대문명을 이룩한 것만은 분명하다. 특히 논리학은 수학
과 결합하여 그리스에서 논증수학을 탄생시켰다.

▌논증수학의 탄생

　인류의 고대문명 탄생과 함께 수학도 탄생했다. 인류 문명의 발
전에 수학은 반드시 필요한 지식이기 때문이다. 고대 이집트인들이
오늘날과 같은 중장비도 없이 거대한 피라미드를 쌓고 웅장한 왕궁
을 지을 수 있었던 것은 그들에게 고도로 발달한 수학이 있었기 때
문에 가능한 일이었다.

　이집트만이 아니고 바빌로니아, 인도, 중국, 마야 등 고대문명이
세워진 곳에는 모두 수학이 있었다. 하지만 고대 문명에서 탄생한
수학의 대부분은 실용성 강한 수학으로서 측량학이나 계산술일 뿐
논증수학은 아니었다.

　다만 고대 그리스에서만 특이하게도 논리와 결합한 수학인 논증

수학이 탄생했다. 이는 인류 문명사의 기적과도 같은 일이다. 오늘날 인류는 모두가 논증수학을 배우고 있다. 논증수학이 현대의 과학문명을 탄생시킨 초석이기 때문이다.

하지만 우리는 초등학교에서 고등학교까지 12년간 수학을 배우지만 논증수학으로서 수학을 가르치지는 않고 있다. 다만 대학에 들어가 수학과에서 수학을 공부할 때 비로소 논증수학을 공부하게 된다.

왜 우리는 인류의 보석과도 같은 논증수학을 어린 학생들에게 가르치지 않는 것일까? 어린 학생들에게 그것을 알려주기에는 너무나 아까워서 감추는 것일까?

아무튼 대부분의 문명권에서 탄생하지 않았던 논증수학이 유독 그리스에서만 탄생했다는 점은 어떤 식으로든 설명되어야 할 것이다.

고대 그리스에서는 수학적 계산문제는 신속한 해답을 요구하지는 않았다. 대신에 그 해답이 어떻게 구해졌는지, 정말 정확한지에 대한 차분한 검토를 더 중시했다. 이런 분위기가 논리와 수학의 결합을 촉진했을 것이다. 이러한 고대 그리스의 논증수학은 오늘날 현대수학에서 형식주의 공리주의 수학으로 재탄생하였다.

▎동양의 수학과 서양의 수학

그리스에서는 수학 문제의 해답을 빨리 요구하지 않은 반면 동양에서는 수학문제의 해답을 빨리 내놓으라는 재촉을 받았다. 그것은 강력한 권력자의 요구였다.

중국 한나라 때(1세기경)부터 있었다고 전해지는 구장산술이라는 동양 최고의 수학책은 산학자라는 관리를 뽑는 교과서로 사용될 만큼 중요한 수학의 경전이었다. 산학자가 되고자 하는 자는 이 책을 달달달 암기하여야 했다.

그런데 이 구장산술은 다음과 같이 문제와 답만으로 구성되어 있다.

[문제] 지금 부피가 4, 500척인 구가 있다. 그 지름은 얼마인가?
[답] 20척

아주 간단한 문제인 경우 풀이과정이 있기도 하지만 그것도 후세 사람이 주석으로 붙인 것이고, 대부분의 문제는 풀이과정은 없이 답만 달랑 제시되어 있다.

이것이 뜻하는 바는 무엇인가 하면, 동양 수학의 특징은 지극히 계산술적인 수학이고 실용성이 강한 수학이었다는 의미이다. 정확한 답보다는 근사값이라도 구하면 그것으로 만족하는 형편이었다.

동양 수학의 특징은 논리가 결여된 단순 계산기술에 지나지 않았다. 그것은 수학자가 수학적 진리를 탐구하고자 하는 목적에서 수학을 하는 것이 아니고 권력자의 수학 지식의 수요에 부응하고자 수학을 하였기 때문이다. 권력자에게 중요한 것은 당장 써먹을 해답이지 자잘한 풀이과정이 아니기 때문이다.

만일 답이 크게 틀리면 왕은 그 산학자를 벌하여 죽이고 더 영특한 산학자를 새로 뽑으면 그만이다. 한의학도 마찬가지로 왕의 병을 고치지 못하는 어의는 죽이고 새로운 어의를 뽑으면 그만이었다.

독재적인 강력한 권력자는 논리를 중요시하지 않는다. 그래서 논리보다는 직관적인 빠른 답이 중시된다. 동양인이 직관적 사고를 중요시하는 이유이기도 하다. 하지만 직관적 사고만으로는 깊이 있는 학문이 성립되지 못한다.

동양의 수학과 서양의 수학을 비교해보면 대강 다음 표와 같다. 왜 이런 차이가 생기게 된 것일까? 그것은 동양과 서양의 풍토의 차이, 사회조직의 차이에서 기인하게 된다.

	동양	서양
수요자	권력자	민중
제공자	관료 수학자	민간의 학자
내용	정치적인 문제로, 주로 대수적인 문제	지적 호기심에 대한 문제로, 기하학 문제
형식	문제집	체계적인 학문

동양의 풍토는 일찍이 농사를 짓기에 적합한 풍토였다. 비가 많이 오고, 땅이 비옥하여 농사가 잘되었기 때문이다. 한편 서양의 풍

토는 농사를 짓기에는 좋은 풍토가 아니었다. 비도 적게 오고 토질도 훨씬 척박했기 때문이다.

이런 풍토적 배경으로 일찍이 동양에는 농업국가가 등장할 수 있었다. 농업국가는 대부분 강력한 중앙집권적인 정치형태를 갖게 된다.

농사를 짓기 위해서는 저수지 등의 대규모 관개사업이 필요한데, 이때 일사불란하게 대규모의 노동력을 징발해야 하기 때문이다. 그래서 일찍이 강력한 권력이 등장하는 것이 사회적으로 요구되었다. 농업국가였던 고대 이집트는 강력한 왕권국가로 거대한 피라미드 등을 남겼다.

반면 척박한 풍토의 서양은 여기저기 목초지를 찾아다니며, 양떼를 키우는 유목민족이 된다. 이런 떠돌이 생활은 강력한 권력자의 등장을 필요로 하지 않았다.

더구나 떠돌이 생활에서 다양한 사람들을 만나며, 풍부한 정보를 얻기에 보다 객관적인 사고방식이 생겨난다. 이런 정보공개, 공유의 분위기에서 민주주의가 자연스럽게 발달하게 된다.

중앙집권적인 동양에서의 수학은 권력자의 필요에 의해 실용적인 수학이 생겨난다. 동양의 수학책은 왕이 정치를 하는데 필요한 수학적 문제를 해결하는 문제들로 주로 구성되어 있다.

먼저 토지의 면적을 구하는 문제에서 시작되어 세금을 징수하는 문제, 성벽을 쌓는데 동원해야 할 인부의 수를 구하는 문제, 관료들

의 직급에 따른 급여의 문제 등등 대부분 권력자의 정치에서 파생
되는 수학적 문제들이 나열되어 있다.

그리고 유능한 수학 관료가 그 해답을 바로 제시하는 형태로 구
성되어 있다. 즉, 권력자는 문제의 풀이과정에는 관심이 없고 근사
값이라도 좋으니 신속한 답을 요구했던 것이다.

이에 대해 민주적인 서양에서의 수학은 민중의 요구에 의한 논증
적인 수학이 등장한다. 그래서 국가 운영에 필요한 수학보다는 지
적 호기심을 해결하고자 하는 수학문제가 주류를 이루게 된다.

더구나 그 풀이과정을 중요시했다. 왜냐하면 되도록 많은 민중이 납득할 수 있어야 했기 때문이다. 그래서 되도록 알기 쉬운 자세한 풀이과정으로 수학문제를 풀고 있다. 그리고 더욱 나아가 논증적이고 체계적인 학문으로 발전하게 된다.

서양 수학과 동양 수학을 비교하면 크게 두 가지 차이점이 있다. 첫째 서양 수학은 주로 기하학이 중심이었는데 반해, 동양 수학은 대수학이 중심이라는 점이다.

둘째 서양에서는 주로 수도승을 비롯한 민간인들이 수학연구에 골몰했는데 반해, 동양에서는 주로 관료들이 수학연구에 임했다는 점이다. 조선시대 산사(算士)라는 집단이 그 대표적인 예이다.

이러한 전통은 매우 뿌리깊은 것이어서 오늘날 서양수학을 배우는 우리에게도 그 전통을 찾아볼 수 있다. 즉, 아직도 계산 중심의 수학인 해석학을 한국의 수학자들이 더 열심히 연구한다는 점이다. 특히 한국의 명문대라는 서울대에서는 주로 여론조사, 인구통계 등 바로 정치현실에 활용되는 응용수학연구가 보다 많이 연구되고 정부에서 지원을 받는다는 점이다.

그리고 지금도 여전히 주로 교수님이나 선생 같은 공무원 신분의 사람들이 주로 수학연구에 임하며, 대부분의 보통사람들은 평생동안 수학책은 물론 수학적 문제는 거들떠보지도 않는다는 점이다.

수학을 쥔 자가 권력을 잡는다고 볼 때, 동양은 소수의 관료들이 수학을 독점한 중앙집권적인 독재정권의 국가였고, 서양은 다수의 민중이 권력을 분산해 가진 공화정 내지는 민주국가였다.

이처럼 수학은 민주주의의 근간이 되는 학문이다. 때문에 우리는 민중 깊숙이 수학적인 합리적 정신이 깃들도록 힘써야 한다. 이것이야말로 진정한 민주화운동인 것이다. 민주주의는 몇몇 민주열사들이 만들어낼 수 있는 것이 아니다.

민주주의는 일종의 시스템이다. 다수의 대중이 민주주의라는 시스템에 참여할 수 있는 의식을 갖추지 못한다면, 아무리 민주화 운동을 열심히 한 김대중 대통령도 권력에 아부하고자 하는 수많은 사람들에게 시달릴 수밖에 없다. 김대중 정권이 정권 말기에 수많은 부정부패사건에 연루된 것이 그것을 실증하고 있다.

오늘날 한국 수학교육의 문제는 여전히 대부분의 것은 동양적인 전통에 따라 진행되는데, 내용만 서양 수학으로 바뀐 데서 비롯된 것이다.

여전히 우리는 학문의 형태로 수학을 배우는 것이 아니고, 문제집 형식으로 수학공부를 하고 있으며, 관료가 되기 위해 즉, 취업을 하기 위해 수학을 공부한다는 점이다. 이것이 오늘날 수학교육이 왜곡되고 이상하게 심적 괴리감을 느끼게 만드는 이유이다.

오늘날 우리가 환경오염문제 등 골치 아픈 문제들을 극복하고 지속 가능한 발전을 하기 위해서는 문제풀이의 실용수학은 이제 그만두고, 진리탐구의 논증수학, 의미수학을 해야 하는 것이다.